◆登場キャラクター◆

増太郎
算術の里で算術上忍になるため，修行にはげむ。

数々丸
増太郎の友達。食いしんぼう。

数魔小太郎
増太郎たちの師匠。算術の里に古くから住む。

→ここから読もう！

※算術上忍…数学をマスターした忍者の最高ランク。

1章 正負の数

1 正の数・負の数を知ろう！……6
符号のついた数①

2 数直線を使って考えよう！……8
符号のついた数②

3 どちらが大きいか見極めよう！……10
数の大小

4 たし算をしよう！……12
加法

5 ひき算をしよう！……14
減法

6 たし算・ひき算をマスターしよう！…16
加法と減法の混じった計算

7 かけ算をしよう！……18
乗法

8 3つ以上のかけ算をしよう！……20
乗法，累乗

9 わり算をしよう！……22
除法

10 四則の混じった計算ができるようになろう！…24
四則の混じった計算

11 正負の数を使いこなそう！……26
正負の数の利用

12 数を素数のかけ算で表そう！……28
素因数分解

確認テスト……30

数魔小太郎からの挑戦状……32

2章 文字と式

13 文字を使ってかけ算を表そう！……34
文字を使った式の表し方①

14 文字を使って累乗を表そう！……36
文字を使った式の表し方②

15 文字を使ってわり算を表そう！……38
文字を使った式の表し方③

16 代入ができるようになろう！……40
代入と式の値

17 項をまとめよう！……42
項と係数

18 式どうしをたそう，ひこう！……44
1次式の和・差

19 文字に数をかけよう，数でわろう！…46
1次式の積・商

20 文字式のかっこのはずし方をおぼえよう！…48
分配法則

21 文字を使って式に表してみよう！……50
等式と不等式

確認テスト……52

数魔小太郎からの挑戦状……54

3章 方程式

22 方程式について知ろう！……56
方程式とその解①

23 等式の性質をおぼえよう！……58
方程式とその解②

24 移項をマスターしよう！……60
方程式の解き方

25 かっこや小数をふくむ方程式を解こう！…62
いろいろな方程式①

26 分数をふくむ方程式と比例式を解こう！…64
いろいろな方程式②

27 個数と代金の文章題を解こう！……66
1次方程式の利用①

28 速さの文章題を解こう！……68
1次方程式の利用②

確認テスト……70

数魔小太郎からの挑戦状……72

4章 比例と反比例

29 関数について知ろう！……74
関数

30 比例についてもっと知ろう！……76
比例する量

31 座標の表し方をおぼえよう！……78
座標

32 比例のグラフのかき方をおぼえよう！…80
比例のグラフ

33 反比例についてもっと知ろう！……82
反比例する量

34 反比例のグラフのかき方をおぼえよう！…84
反比例のグラフ

確認テスト……86

数魔小太郎からの挑戦状……88

5章 平面図形

35 図形の記号や用語をおぼえよう！……90
図形の表し方

36 平行移動や対称移動を知ろう！……92
図形の移動①

37 回転移動を知ろう！……94
図形の移動②

38 垂線の作図を極めよう！……96
垂線の作図

39 垂直二等分線と角の二等分線の作図を極めよう！…98
二等分線の作図

40 円の接線の性質を知ろう！……100
いろいろな作図

41 おうぎ形の弧の長さや面積を求めよう！…102
おうぎ形

確認テスト……104

数魔小太郎からの挑戦状……106

6章 空間図形

42 いろいろな立体を知ろう！……108
いろいろな立体

43 空間内の位置関係を知ろう！……110
直線や平面の位置関係

44 面が動いてできる立体を考えよう！…112
動く面のつくる立体

45 立体をいろいろな見方で見よう！…114
立体の展開図，立体の投影図

46 角柱や円柱の表面積を求めよう！…116
柱の表面積

47 円錐の表面積を求めよう！……118
錐の表面積

48 角柱や円柱の体積を求めよう！……120
柱の体積

49 角錐や円錐の体積を求めよう！……122
錐の体積

50 球の表面積や体積を求めよう！……124
球の表面積と体積

確認テスト……126

数魔小太郎からの挑戦状……128

7章 データの活用

51 データを整理して分析しよう！……130
データの分析

52 ことがらの起こりやすさを知ろう！……132
相対度数と確率

確認テスト……134

数魔小太郎からの挑戦状……136

本書の使い方

中学1年生は…

テスト前の学習や，授業の復習として使おう！

中学2・3年生は…

中学１年の復習に。
苦手な部分をこれで解消!!

左の まとめページ と，右の 問題ページ で構成されています。

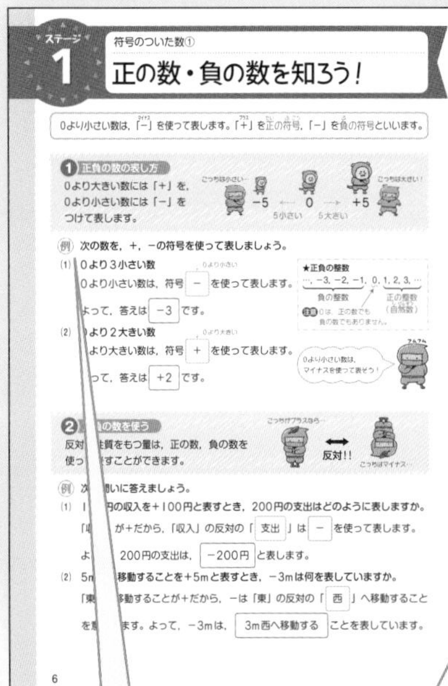

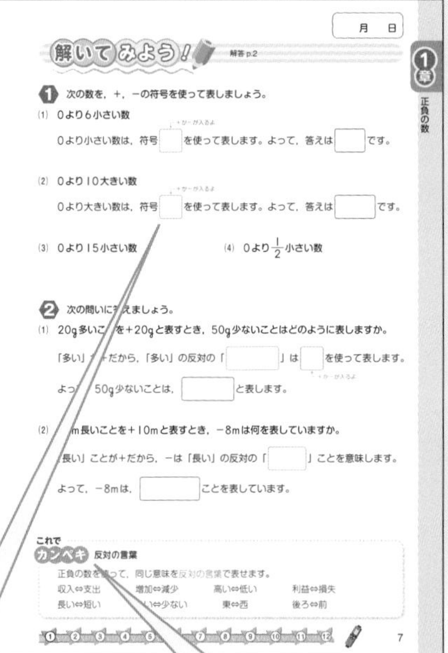

例

この単元の問題の解き方を確認しよう。

解いてみよう！

まずは穴うめで確認してから，自分の力で解いてみよう。

これでカンペキ

疑問に思いやすいことや覚えておくと役立つことをのせているよ。

確認テスト

章の区切りごとに「確認テスト」があります。
テスト形式なので，学習したことが身についたかチェックできます。

章末「数魔小太郎からの挑戦状」

ちょっと難しい問題をのせました。
最後の確認にピッタリ!

別冊解答

解答は本冊の縮小版になっています。

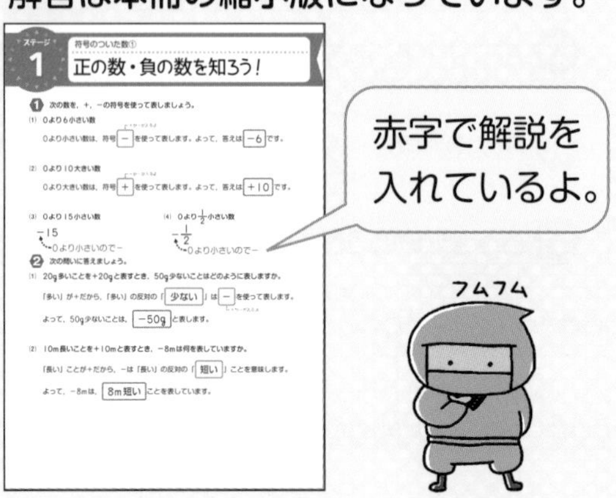

赤字で解説を入れているよ。

1章 正負の数

最初にねらうは「正負の巻」。

算術上忍になるための最初の巻物だ。

＋と－を自在に操れるようになることが，算術上忍への第一歩。

里にあるカッコ山に「正負の巻」が隠されているらしい。

いけ増太郎！ がんばれ増太郎！

正負の巻

ど、どこだ…

〜隠れ身の術〜

カッコ山

ステージ 1

符号のついた数①

正の数・負の数を知ろう！

0より小さい数は，「−」(マイナス)を使って表します。「＋」(プラス)を正の符号(せいふごう)，「−」を負の符号(ふごう)といいます。

1 正負の数の表し方

0より大きい数には「＋」を，0より小さい数には「−」をつけて表します。

例 次の数を，＋，−の符号を使って表しましょう。

(1) 0より3小さい数

0より小さい数は，符号 [−] を使って表します。（0より小さい）

よって，答えは [−3] です。

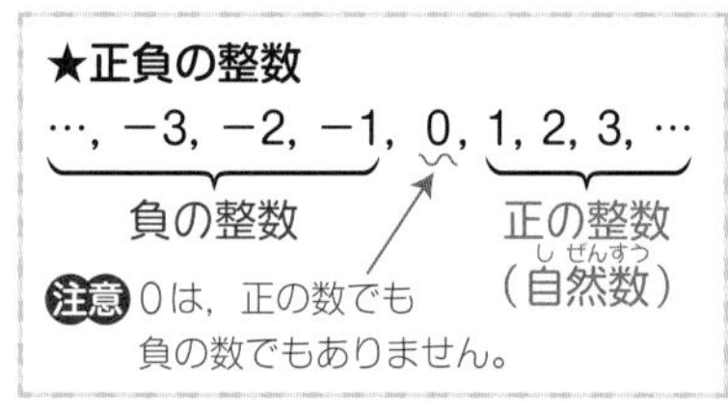

★正負の整数

…, −3, −2, −1, 0, 1, 2, 3, …

負の整数　　正の整数（自然数(しぜんすう)）

注意 0は，正の数でも負の数でもありません。

(2) 0より2大きい数

0より大きい数は，符号 [＋] を使って表します。（0より大きい）

よって，答えは [+2] です。

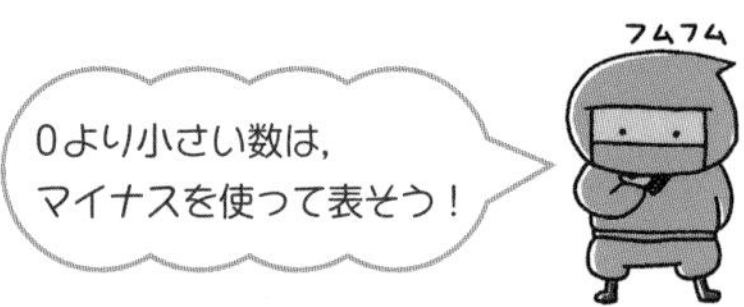

2 正負の数を使う

反対の性質をもつ量は，正の数，負の数を使って表すことができます。

例 次の問いに答えましょう。

(1) 100円の収入を＋100円と表すとき，200円の支出はどのように表しますか。

「収入」が＋だから，「収入」の反対の「 [支出] 」は [−] を使って表します。

よって，200円の支出は， [−200円] と表します。

(2) 5m東へ移動することを＋5mと表すとき，−3mは何を表していますか。

「東」へ移動することが＋だから，−は「東」の反対の「 [西] 」へ移動することを意味します。よって，−3mは， [3m西へ移動する] ことを表しています。

解いてみよう！

解答 p.2

1 次の数を，＋，－の符号を使って表しましょう。

(1) 0より6小さい数

＋か－が入るよ

0より小さい数は，符号 □ を使って表します。よって，答えは □ です。

(2) 0より10大きい数

＋か－が入るよ

0より大きい数は，符号 □ を使って表します。よって，答えは □ です。

(3) 0より15小さい数

(4) 0より$\frac{1}{2}$小さい数

2 次の問いに答えましょう。

(1) 20g多いことを＋20gと表すとき，50g少ないことはどのように表しますか。

「多い」が＋だから，「多い」の反対の「 □ 」は □ を使って表します。

＋か－が入るよ

よって，50g少ないことは， □ と表します。

(2) 10m長いことを＋10mと表すとき，－8mは何を表していますか。

「長い」ことが＋だから，－は「長い」の反対の「 □ 」ことを意味します。

よって，－8mは， □ ことを表しています。

これでカンペキ 反対の言葉

正負の数を使って，同じ意味を反対の言葉で表せます。

収入⇔支出	増加⇔減少	高い⇔低い	利益⇔損失
長い⇔短い	多い⇔少ない	東⇔西	後ろ⇔前

ステージ 2

符号のついた数②

数直線を使って考えよう！

正の数，負の数について，数直線（すうちょくせん）を使って考えましょう。

1 数直線

数直線で，右の方向を正の方向，左の方向を負の方向といいます。0を表す点（原点（げんてん））より右側が正の数，左側が負の数を表します。

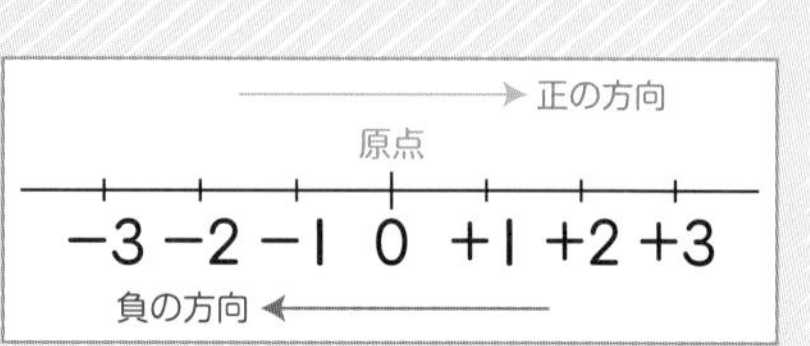

例 右の数直線を見て，①，②に対応する数を答えましょう。

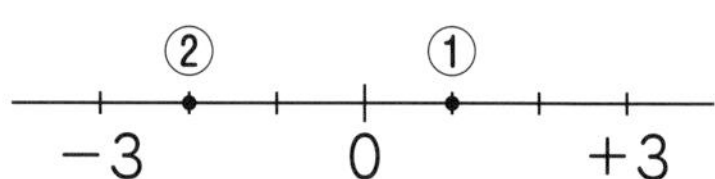

この数直線では，1めもりの大きさが［1］です。

①の点は0より［正］の方向にあります。よって，①は，［+1］に対応します。

②の点は0より［負］の方向にあります。よって，②は，［−2］に対応します。

2 絶対値

数直線上で，ある数に対応する点の原点からの距離（きょり）を絶対値（ぜったいち）といいます。
絶対値は，その数の符号（ふごう）を取りさったものと考えます。

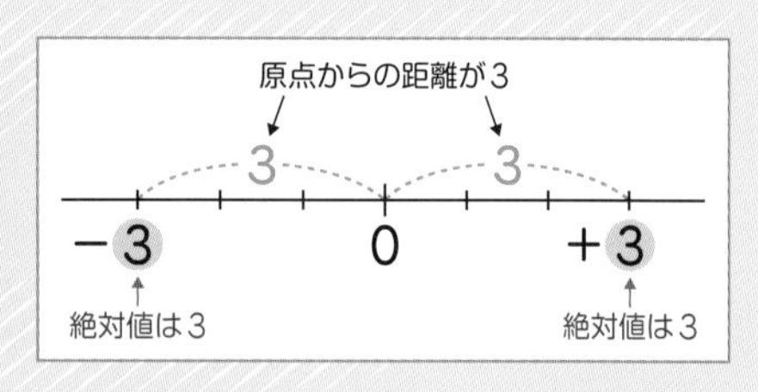

例 次の数の絶対値を答えましょう。

(1) +5

+5から，符号［+］を取りさると，［5］

よって，+5の絶対値は，［5］

(2) −7

−7から，符号［−］を取りさると，［7］

よって，−7の絶対値は，［7］

★絶対値

とれとれ〜

+3 ⇒ 3 +を取る
−3 ⇒ 3 −を取る
絶対値

絶対値は，その数から符号を取りさったものと考えられます。

注意 0の絶対値は0です。

−0.5の絶対値は0.5。小数でも分数でも同じだよ。

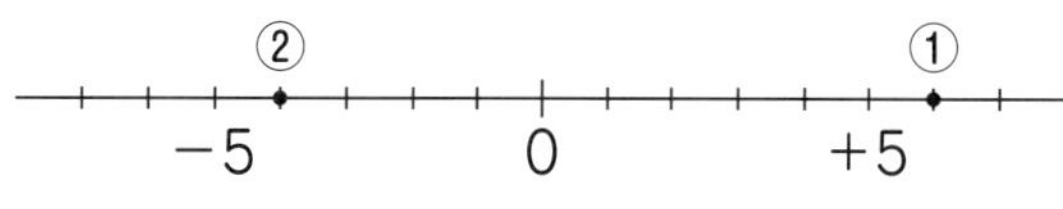

解答 p.2

1 右の数直線を見て，①，②に対応する数を答えましょう。

この数直線では，1めもりの大きさが□です。

①の点は0より□の方向にあります。よって，①は，□に対応します。

②の点は0より□の方向にあります。よって，②は，□に対応します。

2 次の数の絶対値を答えましょう。

(1) +1

+1から，符号□を取りさると，□

よって，+1の絶対値は，□

(2) −10

−10から，符号□を取りさると，□

よって，−10の絶対値は，□

(3) −3.5

−3.5から，符号□を取りさると，□

よって，−3.5の絶対値は，□

これでカンペキ　絶対値が同じ数

0以外の数の場合，同じ絶対値をもつ数は正と負に1つずつあります。

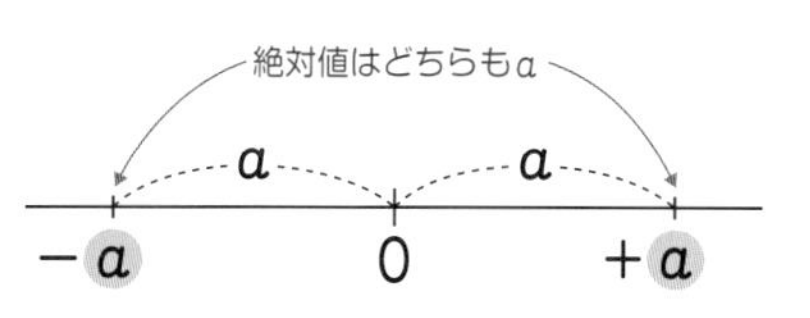

ステージ 3

数の大小

どちらが大きいか見極めよう！

数の大きさは，数直線をイメージしながら考えましょう。

1 数の大きさ

数直線では，右にいくほど数が大きくなります。

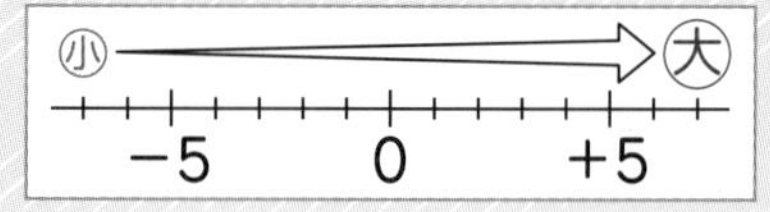

例 次の数の大小を，不等号を使って表しましょう。

(1) +3，−4

数直線上に+3，−4の点をとると，
図のようになります。

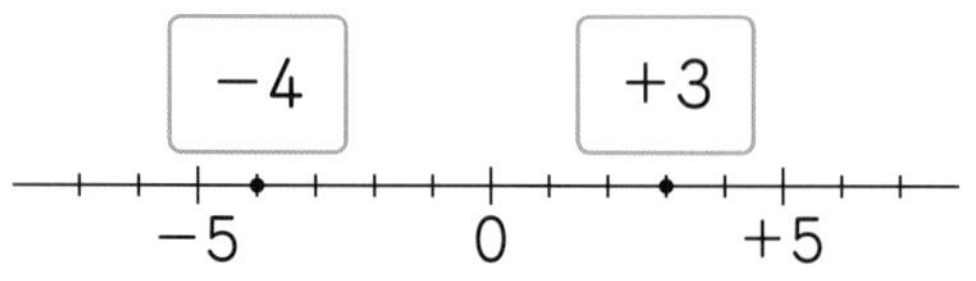

数直線上では， 右 にいくほど数は大きくなるので，$+3 > -4$

(2) −6，−2

数直線上に−6，−2の点をとると，
図のようになります。

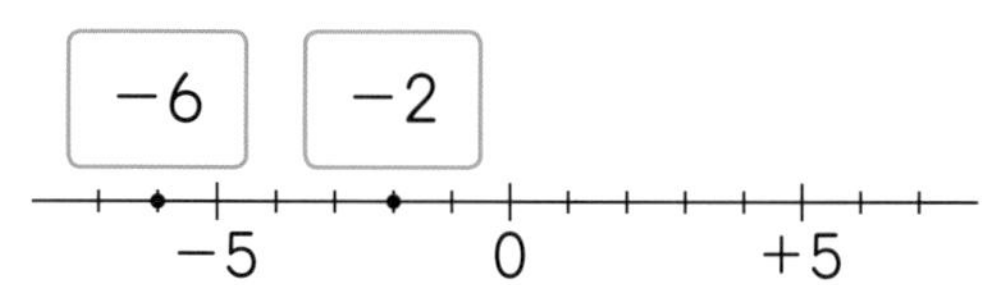

数直線上では， 右 にいくほど数は大きくなるので，

$-6 < -2$

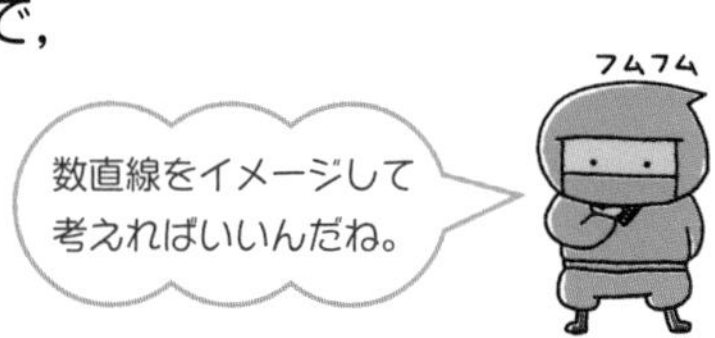

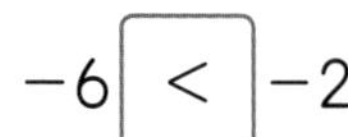

負の数は，絶対値が大きくなるほど，数の大きさは小さくなります。

−6の絶対値は， 6

−2の絶対値は， 2

絶対値の大小は，$6 > 2$ なので，

数の大小は，$-6 < -2$

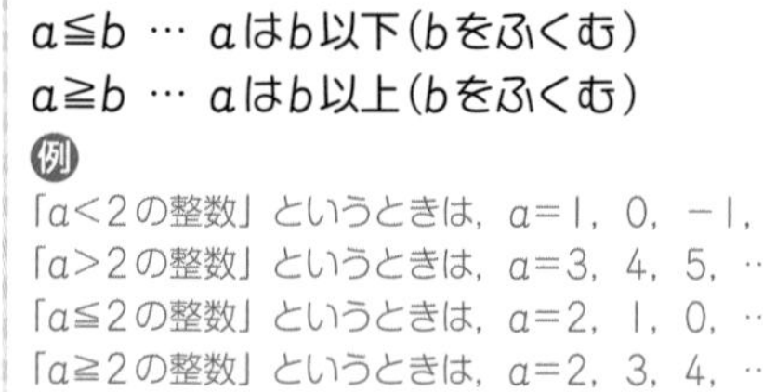

★不等号の種類

$a<b$ … aはbより小さい（bをふくまない）

$a>b$ … aはbより大きい（bをふくまない）

$a \leqq b$ … aはb以下（bをふくむ）

$a \geqq b$ … aはb以上（bをふくむ）

例

「$a<2$の整数」というときは，$a=1,\ 0,\ -1,\ \cdots$

「$a>2$の整数」というときは，$a=3,\ 4,\ 5,\ \cdots$

「$a \leqq 2$の整数」というときは，$a=2,\ 1,\ 0,\ \cdots$

「$a \geqq 2$の整数」というときは，$a=2,\ 3,\ 4,\ \cdots$

月　日

解いてみよう！

解答 p.2

1 次の数の大小を，不等号を使って表しましょう。

(1) －3，＋2

数直線上に－3，＋2の点をとると，図のようになります。

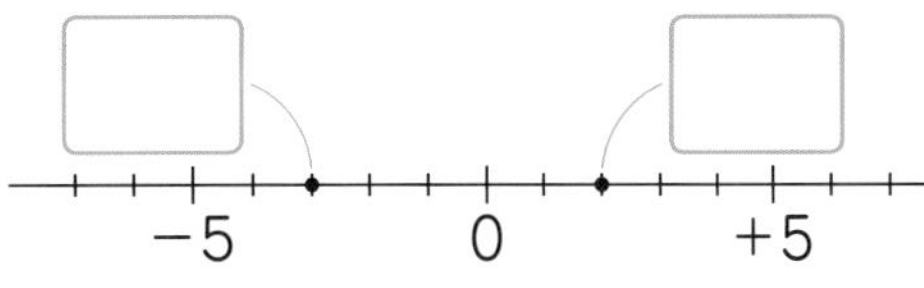

数直線上では，□にいくほど数は大きくなるので，－3□＋2

(2) －1，－2

数直線上に－1，－2の点をとると，図のようになります。

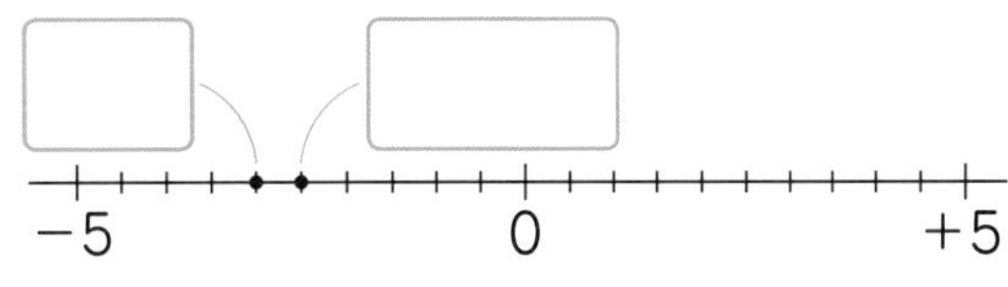

数直線上では，□にいくほど数は大きくなるので，－1□－2

(3) －2.5，－3

数直線上に－2.5，－3の点をとると，図のようになります。

－5　0　＋5

数直線上では，右にいくほど数は大きくなるので，－2.5□－3

別の考え方

－2.5の絶対値は2.5，－3の絶対値は3で，□の方が大きいので，

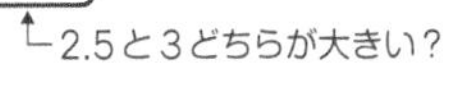

－2.5□－3

これでカンペキ 小数と分数の大きさくらべ

分数を小数になおすと，大きさをくらべやすくなります。

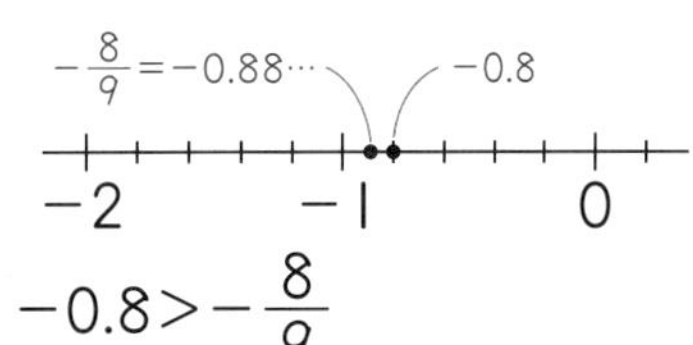

$-0.8>-\frac{8}{9}$

ステージ 4

加法

たし算をしよう！

たし算のことを加法（かほう）といいます。符号（ふごう）が同じ（同符号（どうふごう）といいます）数どうしのたし算と，符号がちがう（異符号（いふごう）といいます）数のたし算のしかたをおぼえましょう。

1 同符号のたし算

符号が同じ2数の和は，絶対値の和に共通の符号をつけます。

(＋)＋(＋)＝(＋)
(−)＋(−)＝(−)

例 次の計算をしましょう。

(1) (＋4)＋(＋5)＝ ＋ (4＋5) ← 共通の符号

＝ ＋9 ← 絶対値の和に共通の符号をつけます

①4 たして
②5 たすと
＋4
＋5
0
＋9
③あわせて＋9

(2) (−6)＋(−2)＝ − (6＋2) ← 共通の符号

＝ −8 ← 絶対値の和に共通の符号をつけます

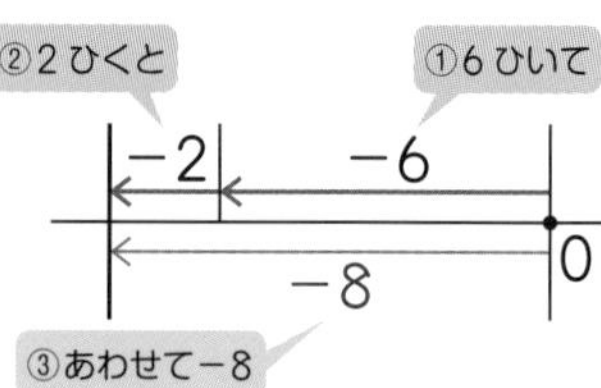

2 異符号のたし算

符号がちがう2数の和は，
1 絶対値の大きい方から小さい方をひく。
2 絶対値の大きい方の符号をつける。

例 次の計算をしましょう。

(1) (−3)＋(＋7)＝ ＋ (7−3) ← 絶対値が大きい方の符号 ← 絶対値(大)−(小)

＝ ＋4

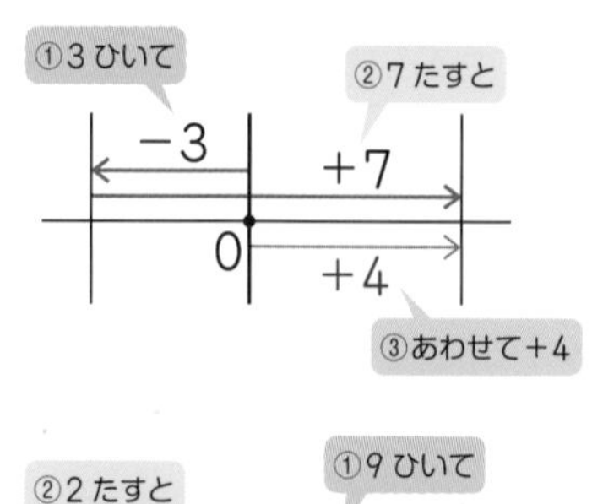

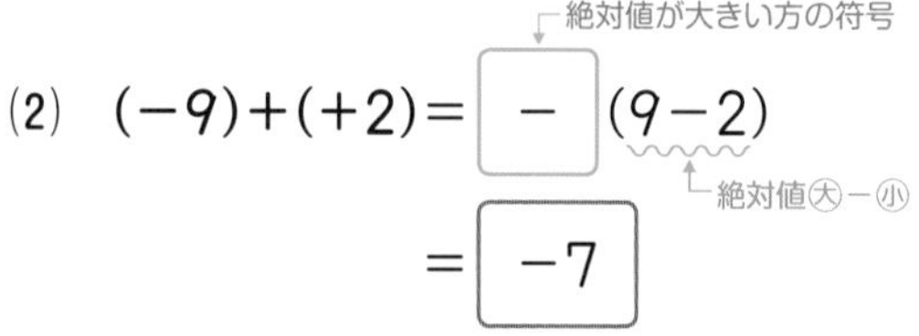

(2) (−9)＋(＋2)＝ − (9−2) ← 絶対値が大きい方の符号 ← 絶対値(大)−(小)

＝ −7

②2 たすと
①9 ひいて
−9
＋2
0
−7
③あわせて−7

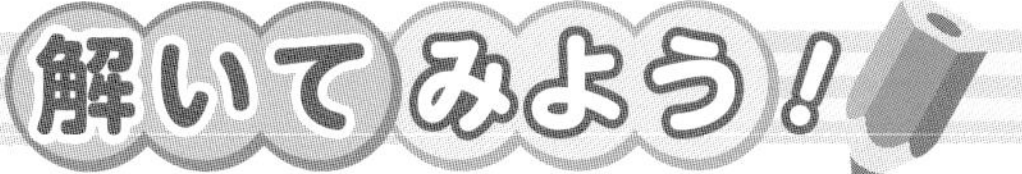

解答 p.2

1 次の計算をしましょう。

(1) (＋2)＋(＋4)＝□(2＋4)　[共通の符号]
＝□

(2) (＋3)＋(＋6)

(3) (－4)＋(－1)＝□(4＋1)　[共通の符号]
＝□

(4) (－7)＋(－3)

2 次の計算をしましょう。

(1) (－2)＋(＋6)＝□(6－2)　[絶対値が大きい方の符号]
＝□

(2) (＋4)＋(－8)＝□(8－4)
＝□

(3) (－8)＋(＋2)＝□(8－2)　[絶対値が大きい方の符号]
＝□

(4) (＋6)＋(－4)＝□(6－4)
＝□

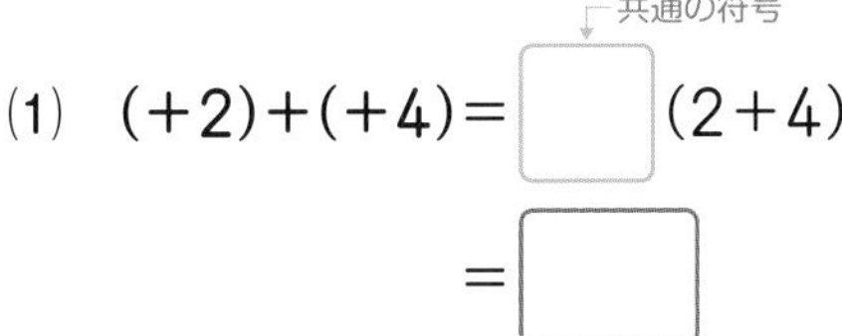

これでカンペキ　絶対値の等しい異符号の2数の和

絶対値の等しい異なる符号の2数の和は，必ず0になります。

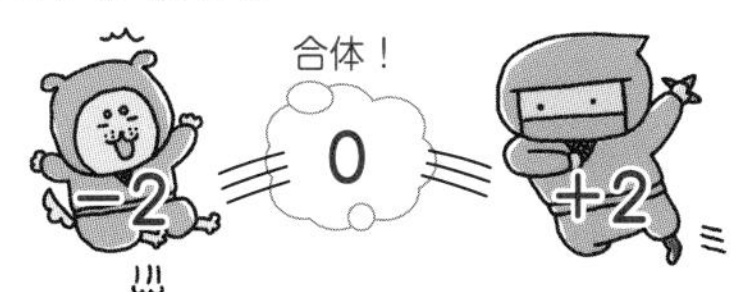

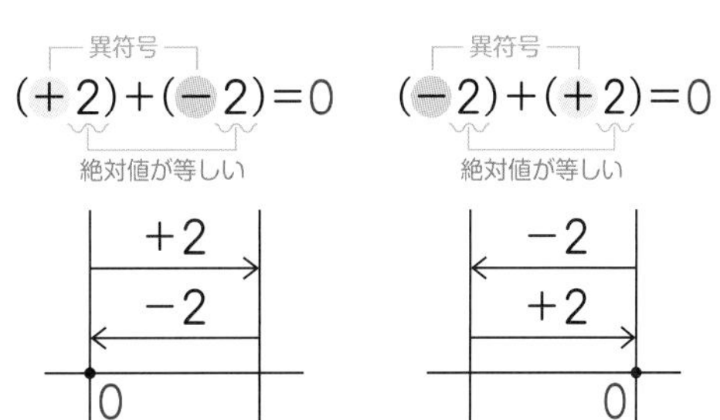

ステージ 5

減法

ひき算をしよう！

ひき算のことを減法（げんぽう）といいます。減法は，加法になおして考えることができます。

1 ひき算

数をひくことは，その数の符号（ふごう）を変えてたすことと同じです。

$(+)-(-)=(+)+(+)$ ← 後ろの符号も変えます（－を＋に変えます）

$(-)-(+)=(-)+(-)$ ← 後ろの符号も変えます（－を＋に変えます）

例 次の計算をしましょう。

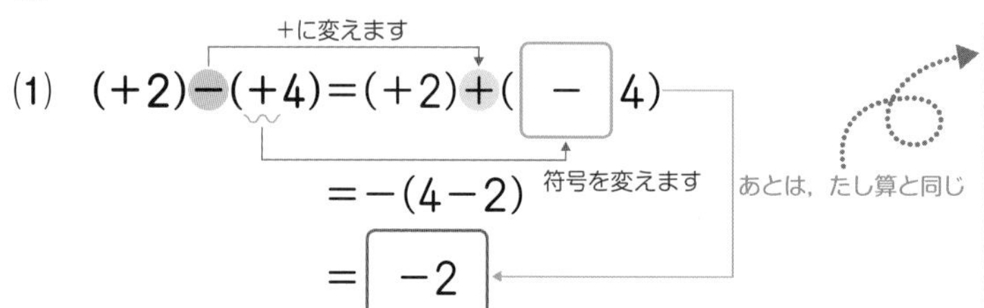

(1) $(+2)-(+4)=(+2)+(-4)$ 　（＋に変えます／符号を変えます）

$=-(4-2)$ 　あとは，たし算と同じ

$=\boxed{-2}$

※＋4 をひくことは，－4 をたすことと同じです。

★異符号のたし算

異符号の2数の和は，

1 絶対値の大きい方から小さい方をひきます。

2 絶対値の大きい方の符号をつけます。

(2) $(-4)-(+5)=(-4)+(-5)$ 　（＋に変えます／符号を変えます）

$=-(4+5)$ 　あとは，たし算と同じ

$=\boxed{-9}$

※＋5 をひくことは，－5 をたすことと同じです。

★同符号のたし算

同符号の2数の和は，絶対値の和に共通の符号をつけます。

(3) $(+2)-(-5)=(+2)+(+5)$ 　（＋に変えます／符号を変えます）

$=+(2+5)$ 　あとは，たし算と同じ

$=\boxed{+7}$

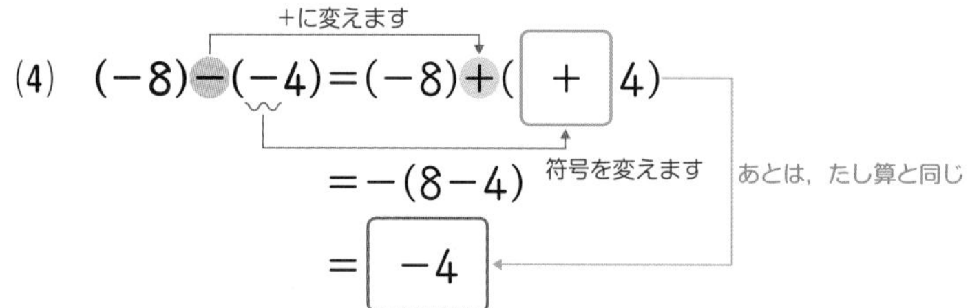

(4) $(-8)-(-4)=(-8)+(+4)$ 　（＋に変えます／符号を変えます）

$=-(8-4)$ 　あとは，たし算と同じ

$=\boxed{-4}$

ひき算もたし算になおして計算するのじゃぞ。

解いてみよう！

解答 p.3

1 次の計算をしましょう。

(1) $(+3)-(+5)=(+3)+(\square 5)$ 　符号を変えます

$=-(5-3)$

$=\square$

(2) $(+1)-(+4)$

(3) $(-5)-(+1)=(-5)+(\square 1)$ 　符号を変えます

$=-(5+1)$

$=\square$

(4) $(-3)-(+9)$

(5) $(+6)-(-7)=(+6)+(\square 7)$ 　符号を変えます

$=+(6+7)$

$=\square$

(6) $(+2)-(-9)$

(7) $(-6)-(-3)=(-6)+(\square 3)$ 　符号を変えます

$=-(6-3)$

$=\square$

(8) $(-7)-(-8)$

これでカンペキ　0からひく計算，0をひく計算

0からある数をひくことは，その数の符号を変えることと同じです。

また，どんな数から0をひいても，差ははじめの数になります。

符号を変えます　$0-(+5)=-5$

符号を変えます　$0-(-5)=+5$

$-5-0=-5$　変えません

ステージ 6

加法と減法の混じった計算

たし算・ひき算をマスターしよう！

小さい数から大きい数をひく計算や，たし算・ひき算が混じった計算を確認しましょう。

1 小さい数から大きい数をひく計算

小さい数から大きい数をひく計算は，大きい数を負の数に変えてたし算します。

小－大＝小＋(－大)
－をつけます

例 次の計算をしましょう。

3－5＝(+3)－(+5)
＝(+3)＋(－5)
＝ － (5－3)
＝ －2

大きい数の符号を変えてたします

絶対値の大きい方5から小さい方3をひき，絶対値の大きい方の符号－をつけます

3－5の答えを求めることは，3＋(－5)の答えを求めることと同じ！

2 たし算・ひき算が混じった計算

正の項どうし，負の項どうしを先に計算します。

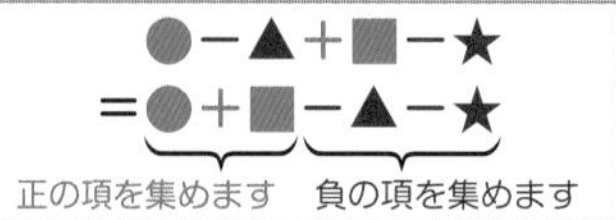

★項
3+5−9＝(+3)＋(+5)－(+9)
＝(+3)＋(+5)＋(−9)
たし算だけの形になおしたときの，+3，+5，−9を，この式の項といいます。

例 次の計算をしましょう。

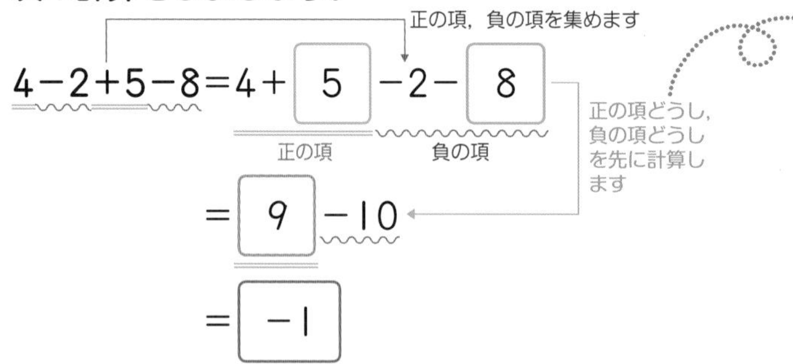

★加法の交換法則
$a+b=b+a$
加法では，項を入れかえても答えは同じです。
★加法の結合法則
$(a+b)+c=a+(b+c)$
加法では，たす順序が変わっても答えは同じです。

別の考え方

4－2＋5－8＝(＋4)－(＋2)＋(＋5)－(＋8)
＝(＋4)＋(－2)＋(＋5)＋(－8)
＝(＋4)＋(＋5)＋(－2)＋(－8)
＝(＋9)＋(－10)
＝－1

たし算だけの式になおします

正の項，負の項を集めます

正の項どうし，負の項どうしを先に計算します

解いてみよう！

解答 p.3

1 次の計算をしましょう。

(1) 4－8＝(　　)－(＋8)

＝(＋4)＋(　　)

＝　　(8－4)

＝

(2) 2－9

2 次の計算をしましょう。

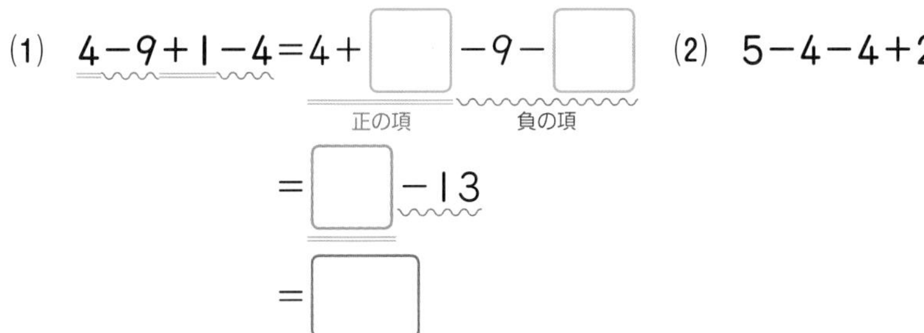

(1) 4－9＋1－4＝4＋　　－9－　　

正の項　負の項

＝　　－13

＝

(2) 5－4－4＋2

(3) (＋3)－(＋4)－(－5)＋(－2)＝(＋3)＋(　　)＋(＋5)＋(－2)

＝(＋3)＋(＋5)＋(－4)＋(－2)

正の項　負の項

＝(＋　　)＋(－　　)

＝

これで カンペキ　項に(　)がついている式

2 (3)のように項に(　)がついている場合，右の2つの解き方があります。

手順がちがうように見えますが，同じ計算をしています。

3＋(－4)－(＋6)　← 加法だけの式にします
＝(＋3)＋(－4)＋(－6)　← 負の項どうしを先にたします
＝(＋3)＋(－10)
＝－7

3＋(－4)－(＋6)　← 項を並べた形にします
＝3－4－6　← 負の項どうしを先にたします
＝3－10
＝－7

ステージ 7

乗法

かけ算をしよう！

かけ算のことを乗法（じょうほう）といいます。2数の乗法は，符号（ふごう）に注目して計算をしましょう。

1 同符号のかけ算

符号が同じ2数の積は，絶対値の積に＋をつけます。

同じ符号なら答えはプラス！

例 次の計算をしましょう。

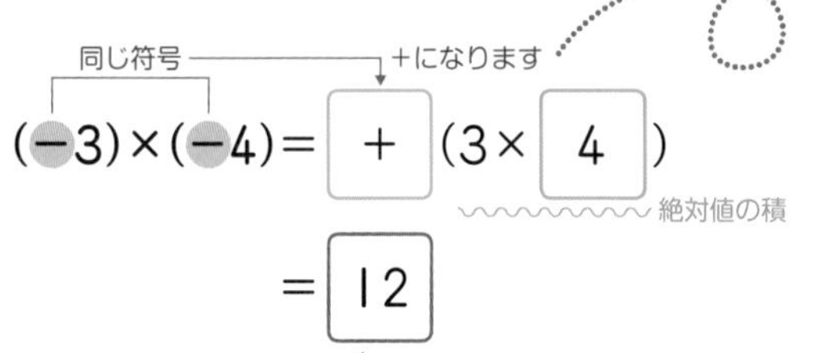

★同符号の2数の積
(＋)×(＋)＝(＋)
(−)×(−)＝(＋)

2 異符号のかけ算

符号がちがう2数の積は，絶対値の積に−をつけます。

ちがう符号なら答えはマイナス！

例 次の計算をしましょう。

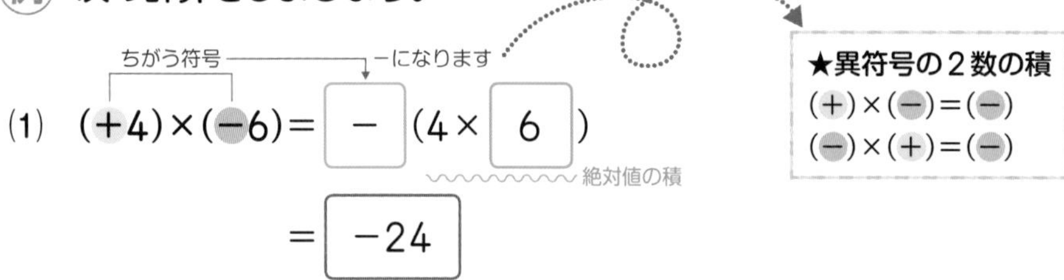

★異符号の2数の積
(＋)×(−)＝(−)
(−)×(＋)＝(−)

ちがう符号　−になります

(2) (−3)×(＋7)＝ − (3×7)

絶対値の積

＝ −21

1 積の符号を決める。
2 かけ算をする。
の2ステップでできるぞ！

解いてみよう！

解答 p.3

1 次の計算をしましょう。

同じ符号　符号が決まります

(1) $(-2)\times(-5)=\square(2\times\square)$
絶対値の積
$=\square$
正の数の符号＋ははぶいてもOKです

(2) $(-6)\times(-2)$

2 次の計算をしましょう。

ちがう符号　符号が決まります

(1) $(+2)\times(-7)=\square(2\times\square)$
絶対値の積
$=\square$

(2) $(+4)\times(-5)$

ちがう符号　符号が決まります

(3) $(-5)\times(+8)=\square(\square\times8)$
絶対値の積
$=\square$

(4) $(-4)\times(+9)$

(5) $(-2)\times(+11)$

(6) $(+5)\times(-10)$

これでカンペキ −1，1，0をかけると？

ある数に−1をかけると，その数の符号が変わります。　例 $(-2)\times(-1)=2$
−1にある数をかけると，その数の符号が変わります。　例 $(-1)\times(-2)=2$
どんな数に1をかけても，積はもとの数になります。　例 $-2\times1=-2$
1にどんな数をかけても，積はかけた数になります。　例 $1\times(-2)=-2$
どんな数に0をかけても，積は0になります。　例 $-2\times0=0$
0にどんな数をかけても，積は0になります。　例 $0\times(-2)=0$

ステージ 8

乗法，累乗

3つ以上のかけ算をしよう！

3つ以上の数をかけるかけ算では，符号（ふごう）に注意しましょう。

1 3つ以上の数のかけ算

積の符号は，負の数の個数で決まります。

負の数が奇数（きすう）個のとき→積は－

負の数が偶数（ぐうすう）個のとき→積は＋

例 次の計算をしましょう。

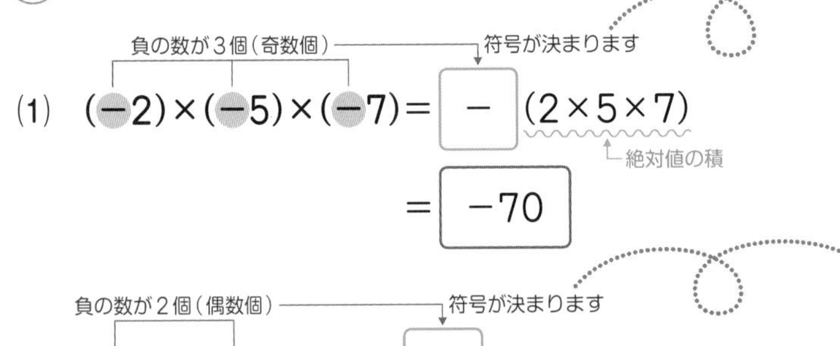

(1) $(-2)\times(-5)\times(-7)=\boxed{-}(2\times5\times7)$

$=\boxed{-70}$

★積の符号
負の数が奇数個のとき，積は－ （1，3，5，…）

負の数が2個（偶数個） → 符号が決まります

(2) $(-3)\times(-4)\times10=\boxed{+}(3\times4\times10)$ （絶対値の積）

$=\boxed{120}$

★積の符号
負の数が偶数個のとき，積は＋ （2，4，6，…）

2 累乗

同じ数を何回かかけたものを，その数の累乗（るいじょう）といいます。何回かけたのかを，数の右かたに小さく書き，これを指数（しすう）といいます。

$2^3=2\times2\times2$ （3 回かけます）
$=8$
（3：指数）

例 次の計算をしましょう。

(1) $5^2=\boxed{5}\times\boxed{5}$ （5を2回かけます）

$=\boxed{25}$

(2) $(-2)^3=(\boxed{-2})\times(\boxed{-2})\times(\boxed{-2})$ （(-2)を3回かけます）

$=\boxed{-8}$

★累乗の意味

注意 累乗は，指数の回数だけかけるという意味なので，
~~$(-2)^3=(-2)\times3$
$=-6$~~
としてしまわないように注意しましょう。

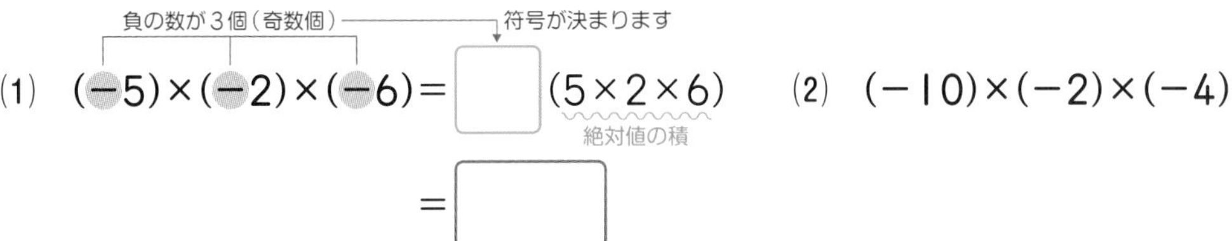

解答 p.3

1 次の計算をしましょう。

負の数が3個（奇数個）→符号が決まります

(1) $(-5)\times(-2)\times(-6)=\square(5\times2\times6)$　絶対値の積

$=\square$

(2) $(-10)\times(-2)\times(-4)$

負の数が2個（偶数個）→符号が決まります

(3) $(-2)\times(-4)\times9=\square(2\times4\times9)$　絶対値の積

$=\square$

(4) $2\times(-2)\times(-4)$

2 次の計算をしましょう。

(1) $3^3=\square\times\square\times\square$　3回かけます

$=\square$

(2) 10^3

(3) $(-6)^2=(\square)\times(\square)$　2回かけます

$=\square$

(4) $(-4)^3$

これでカンペキ　指数のついている場所に注意！

右のように，指数のついている場所によって，答えは変わります。

指数のついている場所に注意して計算するようにしましょう。

$(-2)^4=(-2)\times(-2)\times(-2)\times(-2)=16$
※(−2)を4回かけます

$(-2^4)=-(2\times2\times2\times2)=-16$
※2を4回かけた積に−をつけます

ステージ 9

除法

わり算をしよう！

わり算のことを除法(じょほう)といいます。わり算はわる数を逆数(ぎゃくすう)にしてかけ算になおします。

1 わり切れる除法

商の符号(ふごう)は，右のように決まります。（積の符号の決め方と同じです。）

2数が同符号のとき→商は＋
2数が異符号のとき→商は－

例 次の計算をしましょう。

同じ符号　＋になります

(1) $(-8)\div(-4)=+(8\div 4)$　絶対値の商

$=2$

★同符号の2数の商

$(+)\div(+)=(+)$

$(-)\div(-)=(+)$

ちがう符号　－になります

(2) $(-9)\div(+3)=-(9\div 3)$　絶対値の商

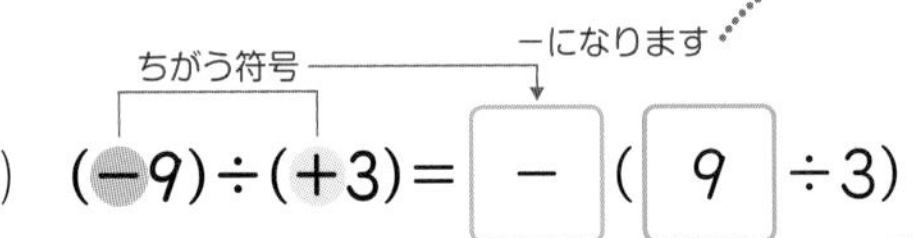

$=-3$

★異符号の2数の商

$(+)\div(-)=(-)$

$(-)\div(+)=(-)$

2 逆数

正負の数でわることは，わる数の逆数をかけることと同じです。

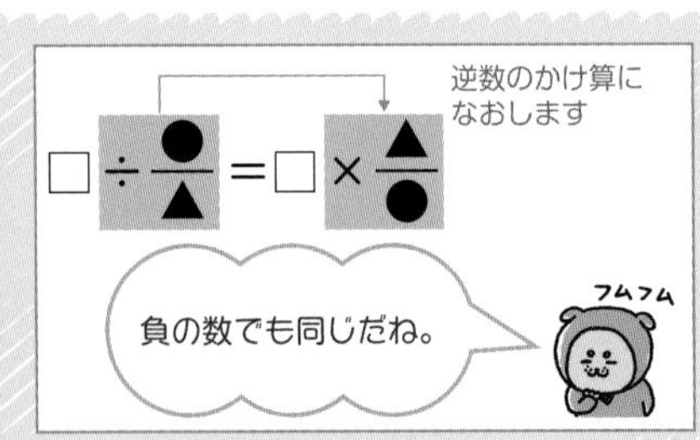

例 次の計算をしましょう。

ちがう符号　－になります

$\left(+\frac{4}{5}\right)\div\left(-\frac{8}{15}\right)=-\left(\frac{4}{5}\div\frac{8}{15}\right)$

わり算を逆数のかけ算になおします

$=-\left(\frac{4}{5}\times\frac{15}{8}\right)$

$=-\frac{3}{2}$

★逆数

○×□＝1のとき，

○は□の，□は○の逆数といいます。

逆数をつくるときは，分数の分子と分母を入れかえます。

例 $-\frac{4}{5}$の逆数は，$-\frac{5}{4}$

-4の逆数は，$-\frac{1}{4}$

解いてみよう！

解答 p.4

1 次の計算をしましょう。

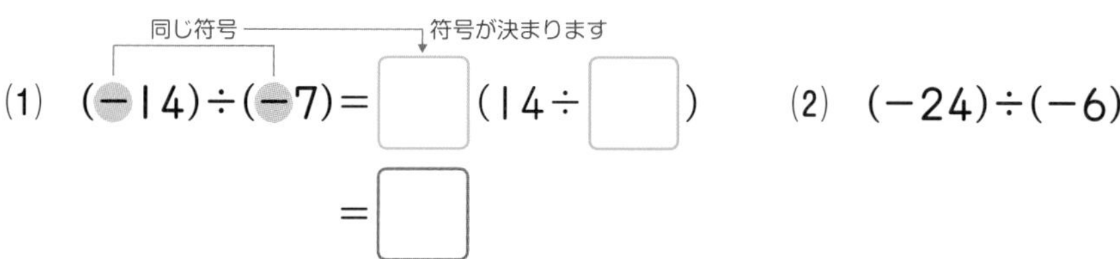

(1) $(-14)\div(-7)=\square(14\div\square)$
$=\square$

(2) $(-24)\div(-6)$

ちがう符号　符号が決まります

(3) $(-64)\div(+8)=\square(64\div8)$
$=\square$

(4) $(+36)\div(-4)$

2 次の計算をしましょう。

ちがう符号　符号が決まります

(1) $\left(+\frac{16}{21}\right)\div\left(-\frac{8}{7}\right)=\square\left(\frac{16}{21}\div\frac{8}{7}\right)$
$=-\left(\frac{16}{21}\times\square\right)$
$=\square$

(2) $\left(-\frac{5}{4}\right)\div\left(+\frac{25}{24}\right)$

これでカンペキ 乗法と除法の混じった計算

乗法と除法が混じった場合も，1つ1つの計算のしかたは変わりません。

1 最初に答えの符号を決める。

2 わり算は逆数のかけ算になおす。

かけ算するときに，約分することをわすれないようにしましょう。

負の数が1個（奇数個）　符号は－

$\frac{7}{8}\div(-14)\times4=-\left(\frac{7}{8}\div\frac{14}{1}\times4\right)$

$14=\frac{14}{1}$

$=-\left(\frac{7}{8}\times\frac{1}{14}\times4\right)$

$=-\frac{1}{4}$

わり算は逆数のかけ算になおします

ステージ 10

四則の混じった計算

四則の混じった計算ができるようになろう！

加法，減法，乗法，除法をまとめて四則（しそく）といいます。計算の順序を確認しましょう。

1 ＋，－，×，÷の混じった計算

計算の順序は，かけ算・わり算→たし算・ひき算　です。

例　次の計算をしましょう。

(1)　$(-2)+(-4)\times5=(-2)+(\boxed{-20})$

①かけ算　①$(-4)\times5=-20$　②たし算

$=\boxed{-22}$　←②$(-2)+(-20)=-22$

(2)　$(-5)-12\div(-4)=(-5)-(\boxed{-3})$

①わり算　①$12\div(-4)=-3$　②ひき算

$=\boxed{-2}$　←②$(-5)-(-3)=-2$

2 かっこ，累乗の混じった計算

計算の順序は，累乗（るいじょう）→かっこの中→かけ算・わり算→たし算・ひき算　です。

例　次の計算をしましょう。

$4-(3^2-10)\times(-5)=4-(\boxed{9}-10)\times(-5)$

①累乗　①$3^2=9$　②かっこの中

注意 計算途中（とちゅう）での符号（ふごう）の間違（まちが）いを防ぐために，かっこをつけわすれないようにしましょう。

②$9-10=-1$

$=4-(\boxed{-1})\times(-5)$

③かけ算

③$(-1)\times(-5)=+5$

$=4-(\boxed{+5})$

④ひき算

$=\boxed{-1}$

★計算の順序
1 累乗
2 かっこの中
3 かけ算・わり算
4 たし算・ひき算
の順で計算しましょう。

解いてみよう！

解答 p.4

1 次の計算をしましょう。

(1) $8+(-2)\times(-5)=8+(\square)$　（①かけ算，②たし算）

$=\square$

(2) $10-3\times(-4)$

(3) $(-4)-18\div6=(-4)-\square$　（①わり算，②ひき算）

$=\square$

(4) $7+36\div(-9)$

2 次の計算をしましょう。

(1) $6+(4^2-7)\times(-2)=6+(\square-7)\times(-2)$　（①累乗，②かっこの中）

$=6+\square\times(-2)$　（③かけ算）

$=6+(\square)$　（④たし算）

$=\square$

(2) $-7-(4-2^3)\times5$

これで カンペキ 分配法則（ぶんぱいほうそく）

正負の数についても，分配法則が成り立ちます。

$a\times(b+c)=a\times b+a\times c$

$(a+b)\times c=a\times c+b\times c$

分配法則を利用することで，右のような場合にラクに計算することができます。

$36\times(-7)+64\times(-7)$
$=(36+64)\times(-7)$
$=100\times(-7)$
$=-700$

① ② ③ ④ ⑤ ⑥ ⑦ ⑧ ⑨ ⑩ ⑪ ⑫

ステージ 11

正負の数の利用

正負の数を使いこなそう！

基準との差を利用して，平均を求める問題にチャレンジしましょう。

1 基準との差と平均

次の表のように，基準との差を正負の数を使って表すことがあります。

テストの点数

点数を表した表

教科	数学	英語	国語
点数(点)	85	72	80

→

基準点80点との差を表した表

教科	数学	英語	国語
基準との差(点)	+5	−8	0

例 右の表は，かなえさんの３教科のテストの点数を，基準より高い場合は正の数で，低い場合は負の数で表したものです。次の問いに答えましょう。

かなえさんのテストの点数

教科	数学	英語	国語
基準との差(点)	+2	0	−5

(1) **点数が最も高かった教科と低かった教科の点数の差を求めましょう。**

点数が最も高かった教科は， 数学

点数が最も低かった教科は， 国語

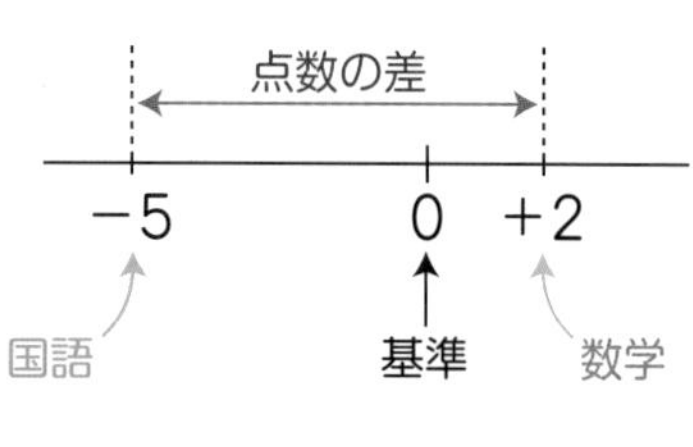

２教科の点数の差は，(+2)−(−5)=7(点)
（数学）（国語）

よって，点数が最も高かった教科と低かった教科の点数の差は， 7 点

★平均
(平均)=(合計)÷(個数)

(2) **基準が85点のとき，３教科のテストの平均点を求めましょう。**

表から，基準との差の合計は，(+2)+0+(−5)= −3 (点)

基準との差の平均は，−3÷ 3 =−1(点) ← ３教科の平均は，85点より１点低いといえます。

平均点は，85+(−1)= 84 (点)

数学は，85+2=87(点)　英語は，85点　国語は，85−5=80(点)
平均は，(87+85+80)÷3=84(点)　と求めてもいいね！

解いてみよう！

解答 p.4

1 右の表は，まさみさんの３教科のテストの点数を，基準より高い場合は正の数で，低い場合は負の数で表したものです。次の問いに答えましょう。

まさみさんのテストの点数

教科	数学	英語	国語
基準との差(点)	－１	－８	＋３

(1) **点数が最も高かった教科と低かった教科の点数の差を求めましょう。**

点数が最も高かった教科は，□

点数が最も低かった教科は，□

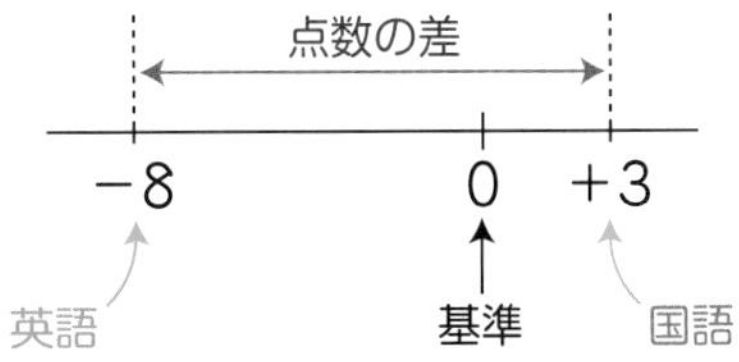

２教科の点数の差は，(＋３)－(□)＝１１(点)

よって，点数が最も高かった教科と低かった教科の点数の差は，□点

(2) **基準が８０点のとき，３教科のテストの平均点を求めましょう。**

表から，基準との差の合計は，(－１)＋(－８)＋(＋３)＝□(点)

基準との差の平均は，－６÷□＝－２(点)

平均点は，８０＋(－２)＝□(点)

(3) **基準が８５点のとき，３教科のテストの平均点を求めましょう。**

これでカンペキ　数の範囲(はんい)

数の範囲は，右のように表すことができます。

1「自然数」は「整数」にふくまれます。

2「整数」は「数」にふくまれます。

「自然数」は正の整数だけを指しますが，単に「整数」というときは，正の整数と負の整数と０をふくみます。

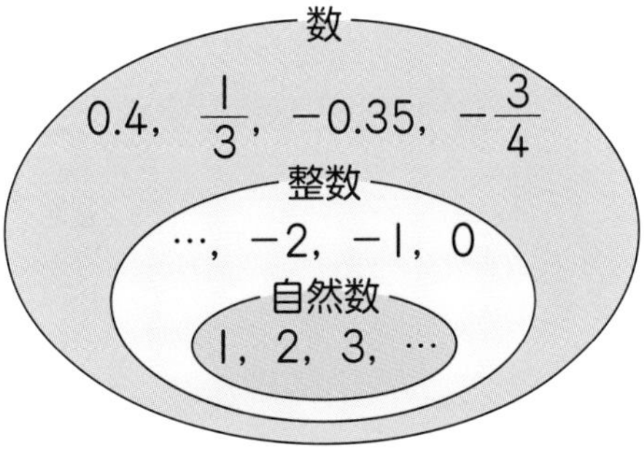

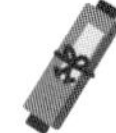

ステージ 12

素因数分解

数を素数のかけ算で表そう!

2, 3, 5, 7, …のように, 1とその数の他に約数がない自然数を素数(そすう)といいます。1は素数には含まないので注意しましょう。自然数を素数だけの積の形で表すことを素因数分解(そいんすうぶんかい)といいます。

1 素因数分解

素数で次々にわった結果から考えます。同じ素数の積は累乗(るいじょう)の形で表します。

例 次の数を素因数分解しましょう。

(1) 35

右のように, 35を素数で次々にわっていくと,

35= 5×7 となります。

5) 35
　　7

★素数でわる
自然数を素数でわるときは, 小さい素数でその数を次々にわっていくとよいです。

(2) 18

右のように, 18を素数で次々にわっていくと,

18= 2 × 3 × 3 = 2×3^2

2) 18
3) 9
　 3

同じ数の積は累乗で表そう。

2 素因数分解と倍数・約数

素因数分解を利用して, 倍数, 約数を見つけることができます。

例 次の問いに答えましょう。

(1) 102, 108, 112のうち, 9の倍数はどれですか。

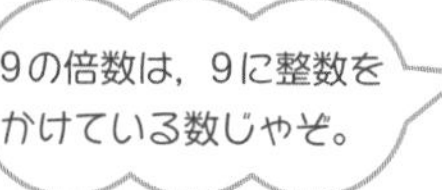

それぞれ素因数分解すると,

102= $2\times3\times17$, 108= $2^2\times3^3$, 112= $2^4\times7$

9の倍数は, 素因数分解の中に$9=3^2$がふくまれる数だから, 108 です。

(2) 105の約数をすべて求めましょう。

105を素因数分解すると, 105=3×5×7

このときの素数を組み合わせて, 3×5= 15 , 3×7= 21 , 5×7= 35

よって, 105の約数は, 1, 3, 5, 7, 15, 21, 35, 105 です。

解いてみよう！

解答 p.4

1 次の数を素因数分解しましょう。

(1) 55
右のように，55を素数で次々にわっていくと，

5) 55
　 11

55＝□

(2) 91
91を素数で次々にわっていくと，

) 91

91＝□

(3) 36
右のように，36を素数で次々にわっていくと，

2) 36
2) 18
3) 9
　 3

36＝2×□×□×□

36＝□

(4) 54
54を素数で次々にわっていくと，

) 54

54＝2×□×□×□

54＝□

2 次の問いに答えましょう。

(1) 78，81，88のうち，6の倍数はどれですか。
それぞれ素因数分解すると，
78＝□，81＝□，88＝□
6の倍数は，素因数分解の中に6＝2×3がふくまれる数だから，□です。

(2) 52の約数をすべて求めましょう。
52を素因数分解すると，52＝2^2×13
このときの素数を組み合わせて，2^2＝□，2×13＝□
よって，52の約数は，□

これでカンペキ　ある整数の倍数にするには？

ある自然数を●の倍数にするには，その自然数を素因数分解し，素数の組み合わせの積で●をつくるように考えます。

42にできるだけ小さい自然数をかけて，8の倍数にする。
42＝2×3×7だから，2×4×3×7＝8×3×7
となり，8の倍数になります。
だから，8の倍数にするには4をかけます。

確認テスト

解答 p.5

/100点

次の問いに答えましょう。(4点×2)

⑴ 200gの増加を+200gと表すとき，400gの減少はどのように表しますか。

⑵ 200m北へ移動することを+200mと表すとき，−500mは何を表していますか。

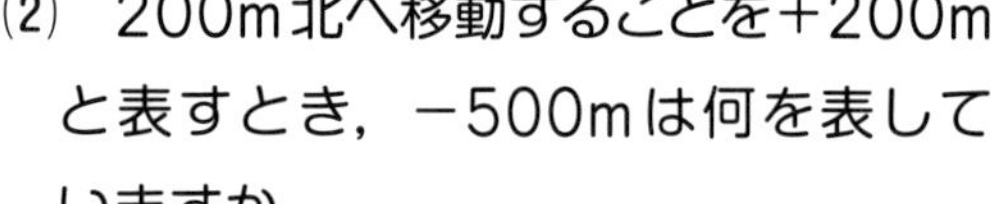

次の数直線を見て，次の問いに答えましょう。(4点×4)

⑴ ①，②に対応する数を答えましょう。

①  ②

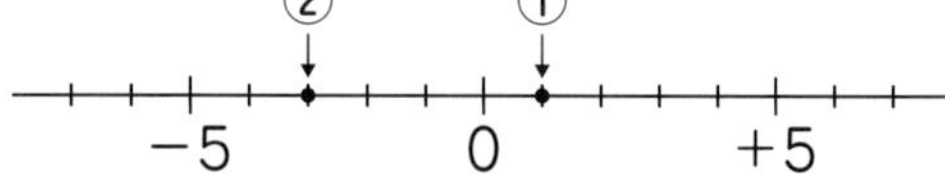

⑵ この数直線に，③，④に対応する点をかきましょう。

③ +4　　④ −6

次の数の大小を，不等号を使って表しましょう。(4点×2)

⑴ −5，+2

⑵ −4，0，+2

4 次の計算をしましょう。(4点×4)

⑴ (−1)+(−5)

⑵ (+8)+(−4)

⑶ (−4)−(+9)

⑷ (−5)−(−4)

次の計算をしましょう。(4点×2)

⑴ 5−6

⑵ −3+(+7)−2−(−4)

6 次の計算をしましょう。(4点×2)　ステージ 7 9

(1) $(-5)\times(-8)$　　(2) $(+9)\div(-3)$

7 次の計算をしましょう。(4点×2)　ステージ 8

(1) $5\times(-2)\times4$　　(2) $(-3)^4$

8 次の計算をしましょう。(4点×4)　ステージ 10

(1) $-7+2\times(-3)$　　(2) $4-(-6)\div(-2)$

(3) $4+(5-2^3)\times(-3)$　　(4) $-8+(5^2-15)\div(-2)$

9 右の表は，増太郎(ますたろう)が受けたテストの点数を，基準の83点より高い場合は正の数で，低い場合は負の数で表したものです。3教科のテストの平均点を求めましょう。(4点)　ステージ 11

増太郎のテストの点数

教科	忍術	算術	体力
基準との差(点)	+1	−3	−4

10 次の数を素因数分解しましょう。(4点×2)　ステージ 12

(1) 165　　(2) 100

数魔小太郎からの挑戦状

解答 p.5

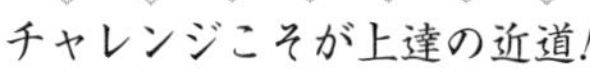

問題

増太郎は，忍術ゲームを４回して，それぞれの点数を出しました。結果から，次のことがわかっています。

① 1回目の点数は，２回目より１点低かった。

② ３回目の点数は，１回目より２点低かった。

③ ４回目の点数は，３回目より４点高かった。

このとき，いちばん点数が高かったのは何回目でしょう。

答え　1回目の点数を基準として，次のような数直線をかいて考えます。

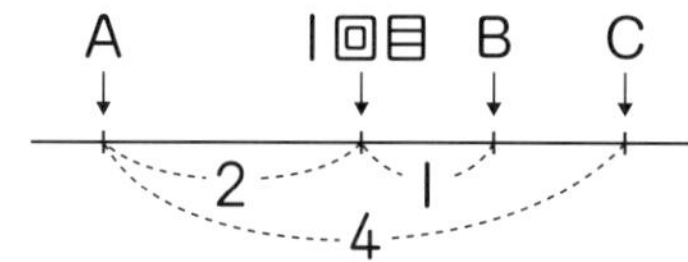

①から，２回目の点数は，図のＢがあてはまります。

②から，３回目の点数は，図の①______があてはまります。

③から，４回目の点数は，図の②______があてはまります。

数直線では，右にいくほど点数は③________ので，

いちばん点数が高かったのは④______回目とわかります。

ある値を基準とすることが大切じゃ！

「正負の巻」伝授！

正負の巻

次は文字の巻を見つけよう

文字と式

次にねらうは「文字の巻」。

算術忍者が操るのは数だけじゃない。文字を自在に操れてこそ，算術修行の初級クリアといえるだろう。

それに必要な「文字の巻」は代入の林に隠されているにちがいない。

こうして増太郎は林に向かった…！

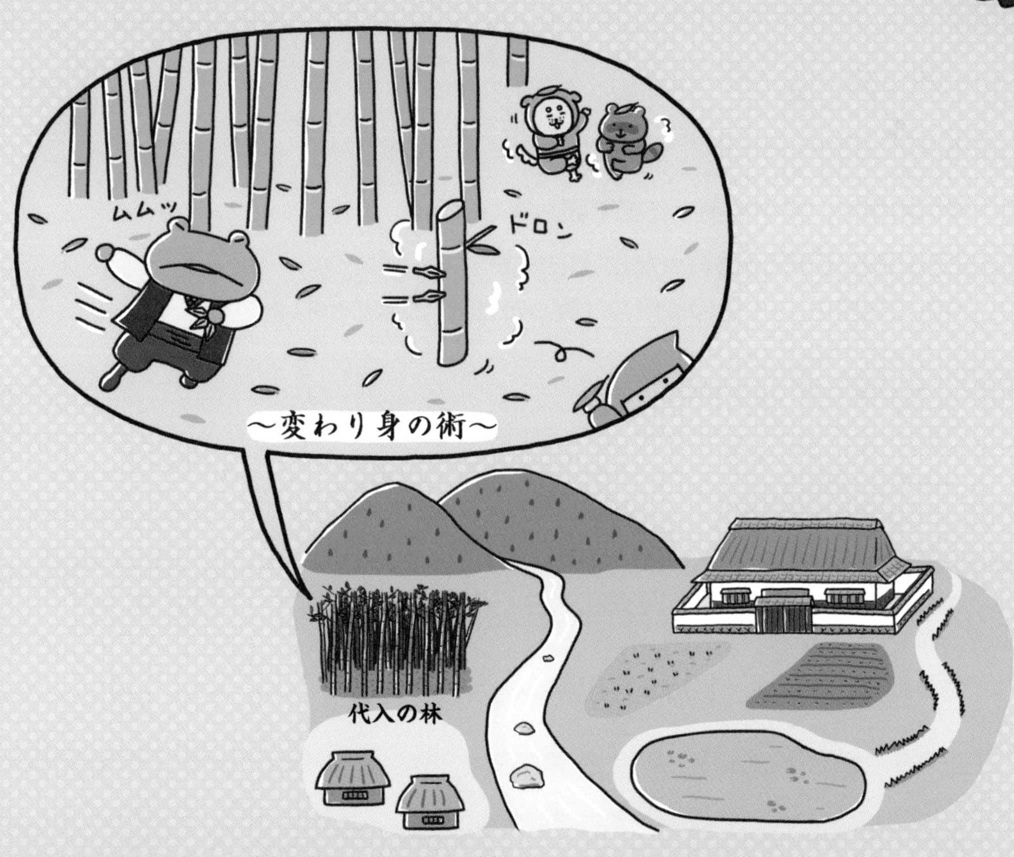

ステージ 13

文字を使った式の表し方①

文字を使ってかけ算を表そう！

文字を使った式(しき)では，「×の記号ははぶく」，「数を文字の前に書く」といった基本のルールがあります。しっかりとおぼえて，文字を使いこなしましょう。

1 積の表し方

1 文字の混じった乗法(じょうほう)では，×の記号をはぶきます。

$a \times b = ab$

×をはぶいて並べて書く

2 文字と数の積では，数を文字の前に書きます。

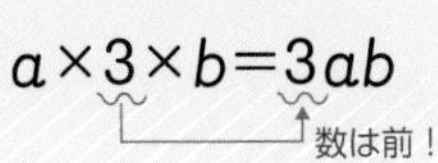

例 次の式を，文字式の表し方にしたがって表しましょう。

(1) $a \times b \times c =$ abc

★積のルール
×の記号をはぶきます。

(2) $x \times (-4) \times y =$ $-4xy$

★積のルール
数を前に書きます。

(3) $1 \times a \times b =$ ab

★積のルール
1ははぶきます。
例 $1 \times x = x$　$y \times (-1) = -y$

文字はふつう，アルファベット順に書くよ。

$a, b, c, \cdots, x, y, z$

例 次の数量を，文字を使った式で表しましょう。

(1) 150円のパンをx個買ったときの代金

パンの代金は，(1個の値段)×(買った個数)で求められるから，

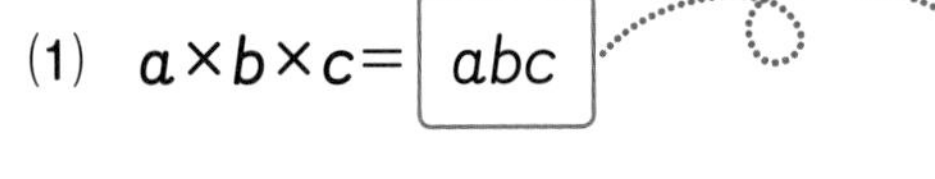

よって，代金は，$150x$ 円

(2) 100cmのリボンから，10cmのリボンをy本切り取ったときの残りの長さ

残りのリボンの長さは，(全体の長さ)−(切り取った長さ)で求められます。

切り取った長さは，10cmをy本だから，$10 \times y =$ $10y$ (cm)

よって，残りの長さは，($100 - 10y$)cm

解いてみよう！

解答 p.6

1 次の式を，文字式の表し方にしたがって表しましょう。

(1) $\ell\times m\times n=$ □　└×ははぶきましょう

(2) $a\times m\times x$

(3) $a\times5\times b=$ □　└数が前

(4) $x\times y\times10$

(5) $1\times x\times y=$ □　└1ははぶきましょう

(6) $m\times1\times n$

2 次の数量を，文字を使った式で表しましょう。

(1) 120円のおにぎりをa個買ったときの代金

おにぎりの代金は，(1個の値段)×(買った個数)で求められるから，

□ × □ ＝ □

└1個の値段　└買った個数　└×ははぶきましょう

よって，代金は，□円

(2) 10mのひもから，2mのひもをb本切り取ったときの残りの長さ

残りのひもの長さは，(全体の長さ)−(切り取った長さ)で求められます。

切り取った長さは，2mをb本だから，$2\times b=$ □(m)

よって，残りの長さは，(□ − □)m

全体の長さ┘　└切り取った長さ

これでカンペキ　(　)はまとまり！

かっこがついた式の計算では，かっこはひとまとまりとみて計算します。1つの文字のように考えるとよいでしょう。

ひとまとまりなので，分解しません！

$(x+y)\times3=3(x+y)$

ステージ 14

文字を使った式の表し方②

文字を使って累乗を表そう!

文字を使った累乗(るいじょう)の表し方も,「正負(せいふ)の数」で学習した表し方と同じです。

1 累乗の表し方

同じ文字どうしの積は,指数(しすう)を使って表します。

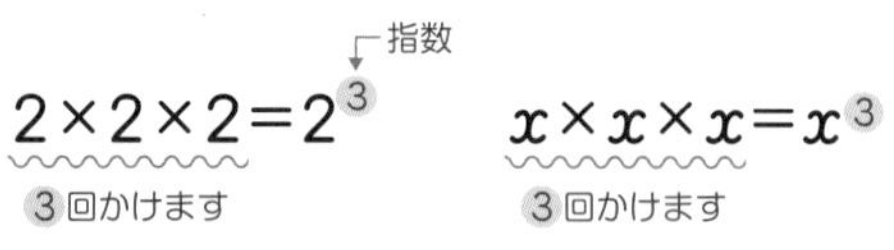

例 次の式を,文字式の表し方にしたがって表しましょう。

(1) $a\times a\times a\times a=$ $\boxed{a^4}$

★同じ文字どうしの積
指数を使って表します。

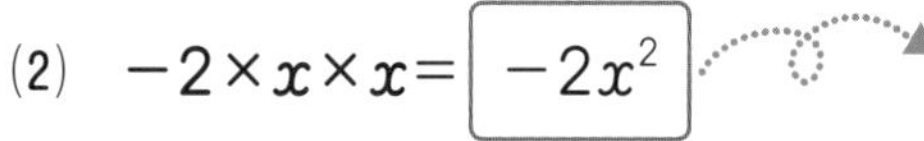

(2) $-2\times x\times x=$ $\boxed{-2x^2}$

★文字式の表し方
・×の記号をはぶきます。
・数を前に書きます。
・累乗は指数を使って表します。

例 次の数量を,文字を使った式で表しましょう。

(1) 1辺$a$cmの正方形の面積

正方形の面積は,(1辺)×(1辺)で求められるから,

$\boxed{a}\times\boxed{a}=\boxed{a^2}$

よって,面積は,$\boxed{a^2}$ cm^2

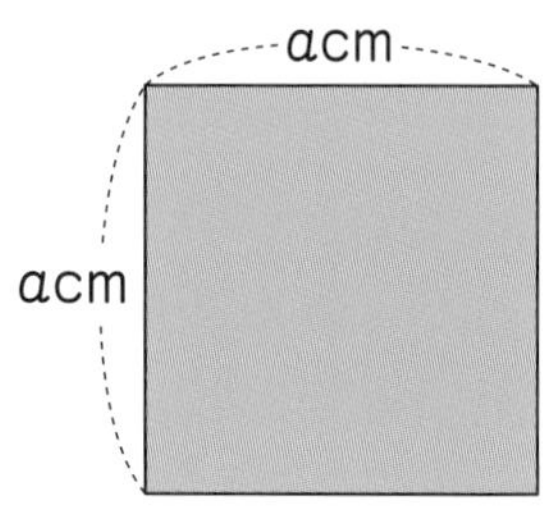

(2) 1辺$x$cmの立方体の体積

立方体の体積は,(1辺)×(1辺)×(1辺)で求められるから,

$\boxed{x}\times\boxed{x}\times\boxed{x}=\boxed{x^3}$

よって,体積は,$\boxed{x^3}$ cm^3

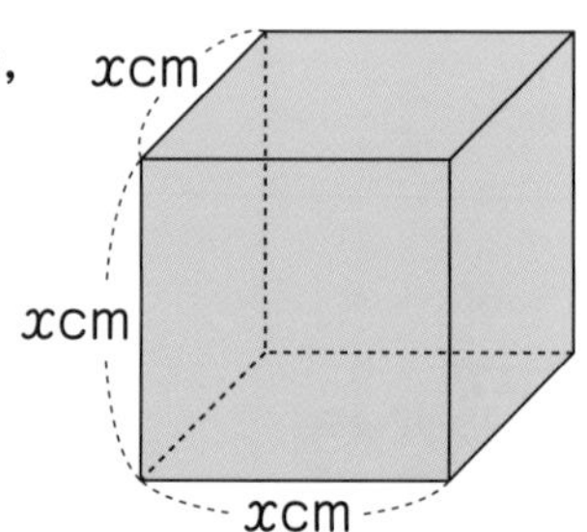

$x\times x\times x=xxx$ と書いたら間違(まちが)い!
同じ文字は,かけた回数を指数で表すのじゃぞ。

解いてみよう！

解答 p.6

1 次の式を，文字式の表し方にしたがって表しましょう。

(1) $y \times y \times y =$ □
　└指数を使いましょう

(2) $b \times b \times b \times b \times b$

(3) $4 \times a \times a =$ □
　└指数を使いましょう。数は前に書きます

(4) $-5 \times x \times x \times x$

2 次の数量を，文字を使った式で表しましょう。

(1) 底辺，高さがともに $x$cmの平行四辺形（へいこうしへんけい）の面積
平行四辺形の面積は，(底辺)×(高さ)で求められるから，

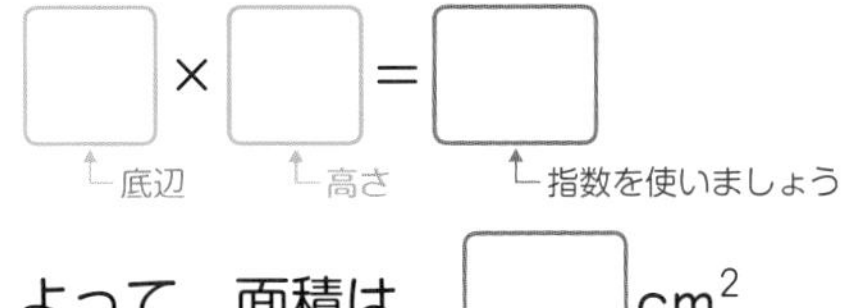

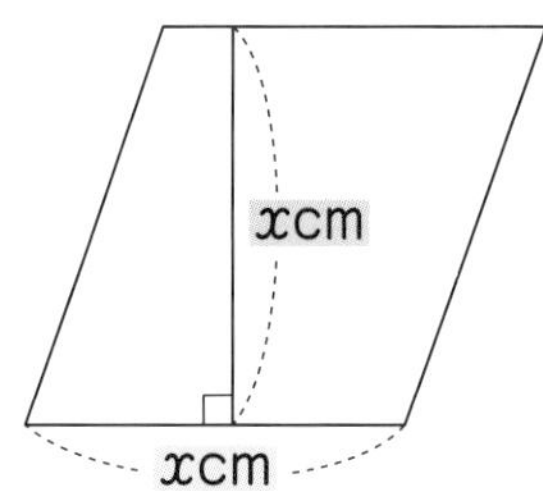

よって，面積は，□ cm^2

(2) 縦が $a$cm，横が $a$cm，高さが5cmの直方体の体積
直方体の体積は，(縦)×(横)×(高さ)で求められるから，

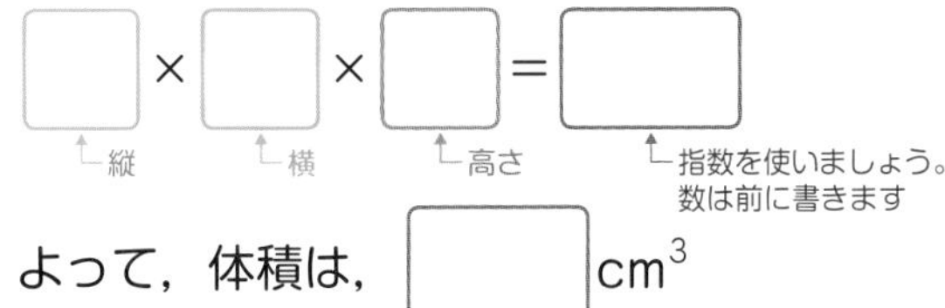

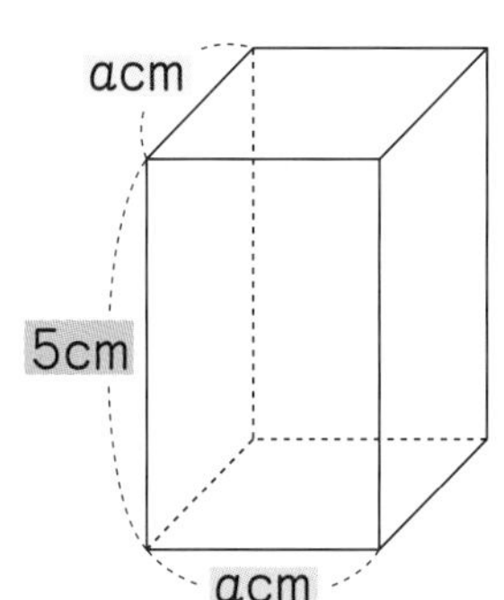

よって，体積は，□ cm^3

これでカンペキ 累乗と累乗の積

累乗の指数を使ってまとめられるのは，同じ文字の積だけです。
右のような問題には注意しましょう。

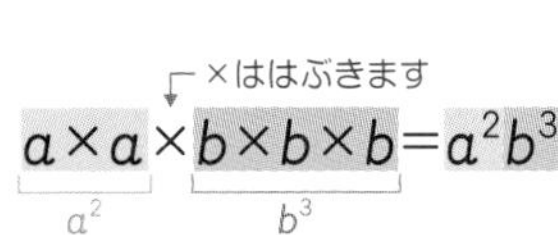

ステージ 15

文字を使った式の表し方③

文字を使ってわり算を表そう！

文字を使ったわり算の表し方をおさえましょう。

1 除法の表し方

文字の混じった除法(じょほう)では，÷は使わずに，分数の形で書きます。

例 次の式を，文字式の表し方にしたがって表しましょう。

(1) $x \div 8 = \frac{x}{8}$

★除法の表し方
÷は使わず分数で書きます。

(2) $(a-5) \div 4 = \frac{a-5}{4}$

(a−5)は1つのまとまりと考えます。

★除法の表し方
・÷は使わず分数で書きます。
・かっこはひとまとまりとみて計算します。

例 次の数量を，文字を使った式で表しましょう。

(1) $a$cmのリボンを，4人で同じ長さずつ切り分けたときの，1人分の長さ

1人分の長さは，(全体の長さ)÷(人数)で求められるから，

$a \div 4 = \frac{a}{4}$

★除法の表し方
÷は使わず分数で書きます。

よって，1人分の長さは，$\frac{a}{4}$ cm

(2) A組の生徒32人とB組の生徒x人をあわせて，同じ人数ずつ10個の班に分けるときの1班あたりの人数

1班あたりの人数は，(全体の人数)÷(班の個数)で求められるから，

$(32+x) \div 10 = \frac{32+x}{10}$

★除法の表し方
・÷は使わず分数で書きます。
・かっこはひとまとまりとみて計算します。

よって，1班あたりの人数は，$\frac{32+x}{10}$ 人

解いてみよう！

解答 p.6

1 次の式を，文字式の表し方にしたがって表しましょう。

(1) $y \div 9 =$ □　←分数で書きましょう

(2) $b \div (-2)$

(3) $(a+6) \div 3 =$ □　←分数で書きましょう。かっこはひとまとまりとみます

(4) $(y-10) \div (-3)$

2 次の数量を，文字を使った式で表しましょう。

(1) xLのジュースを，同じ量ずつ10人で分けるときの，1人分の量

1人分のジュースの量は，(全体の量)÷(人数)で求められるから，

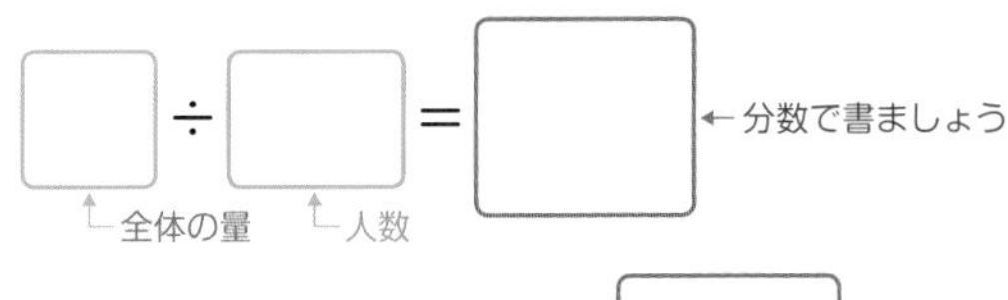

□ ÷ □ = □　←分数で書ましょう

全体の量　人数

よって，1人分の量は，

□ L

(2) 300mLのコーヒーとamLの牛乳を混ぜて作ったコーヒー牛乳を，同じ量ずつ3人で分けるときの1人あたりの量

1人あたりの量は，(全体の量)÷(人数)で求められるから，

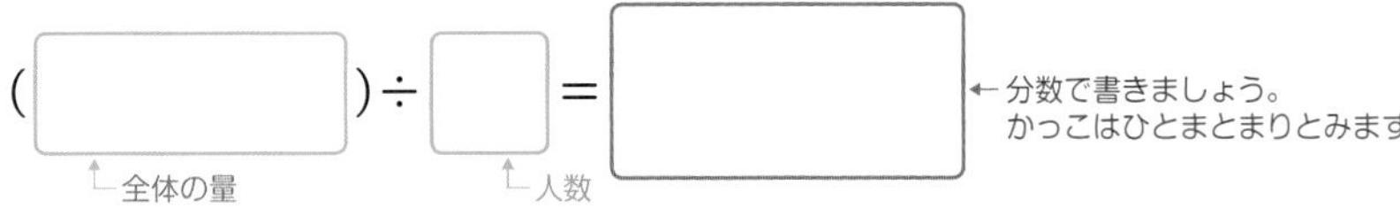

(□) ÷ □ = □　←分数で書きましょう。かっこはひとまとまりとみます

全体の量　人数

よって，1人あたりの量は，

□ mL

これでカンペキ　文字をふくむ分数の書き方

文字をふくむ分数では，文字を分子に書いてもいいし，数のみの分数を前に書いて，後ろに文字だけを書いてもいいです。

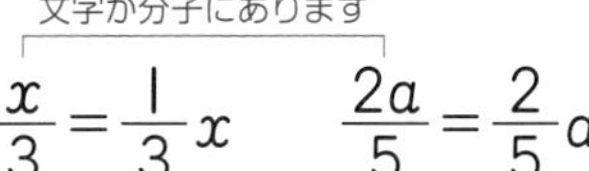

文字が分子にあります

$$\frac{x}{3} = \frac{1}{3}x \qquad \frac{2a}{5} = \frac{2}{5}a$$

文字が後ろにあります

ステージ 16

代入と式の値

代入ができるようになろう！

文字を使った式で，式の中の文字を数におきかえることを代入(だいにゅう)するといいます。
代入して計算した結果を，式の値(あたい)といいます。

1 式の値

式の値を求めるときは，文字の値を代入します。

$a=4$のとき，$a+5$の値
4を代入
$4+5=9$
これが式の値

例 (1) $a=5$のとき，$a+2$の値を求めましょう。

(2) $a=2$のとき，$3a-4$の値を求めましょう。

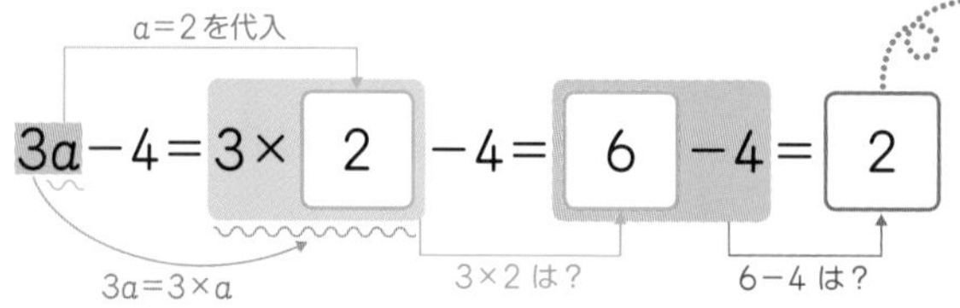

★式の値の求め方
・文字の値を代入＝おきかえる！
・代入するときは，×の記号をわすれないようにします。

（間違(まちが)い例） $a=2$で，$3a-4=32-4$

3a=3×a なので間違い！

(3) $a=-3$のとき，$-4a+2$の値を求めましょう。

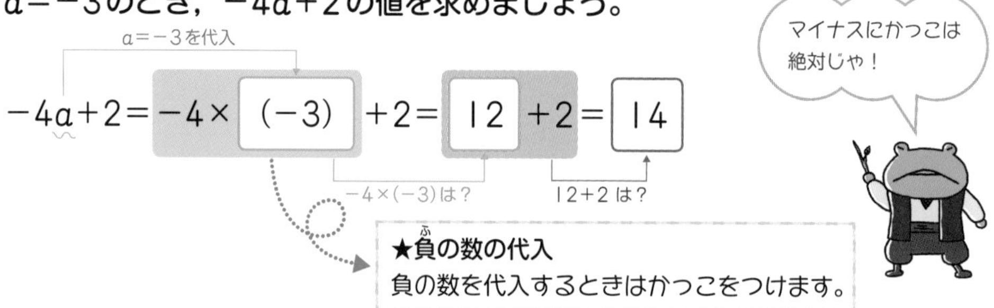

(4) $a=-5$のとき，$2a^2-10$の値を求めましょう。

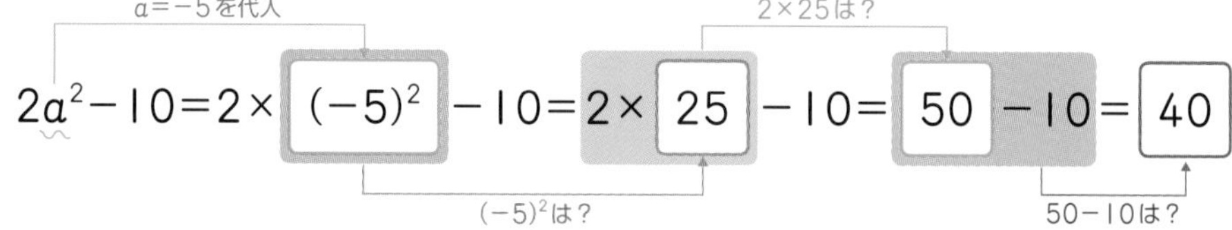

解答 p.6

1 次の問いに答えましょう。

(1) $a=7$のとき，次の式の値を求めましょう。

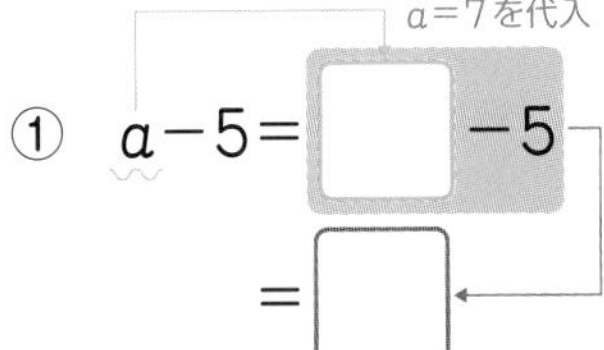

① $a-5=\square-5$
$=\square$

② $a+13$

(2) $a=4$のとき，次の式の値を求めましょう。

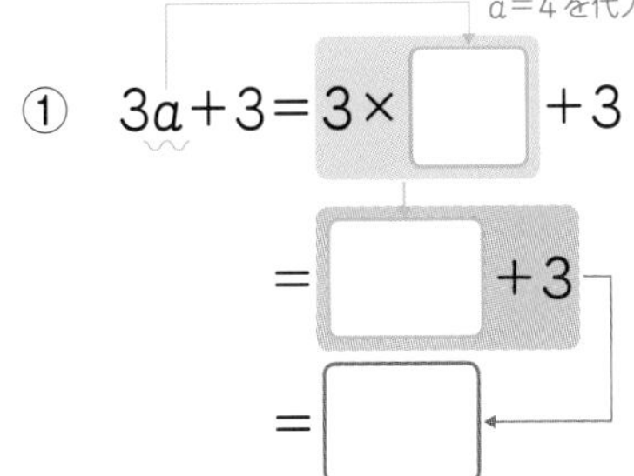

① $3a+3=3\times\square+3$
$=\square+3$
$=\square$

② $5a-12$

(3) $a=-5$のとき，次の式の値を求めましょう。

$a=-5$を代入。かっこをつけます

① $2a+4=2\times\square+4$
$=\square+4$
$=\square$

② $-3a-4$

(4) $a=-2$のとき，次の式の値を求めましょう。

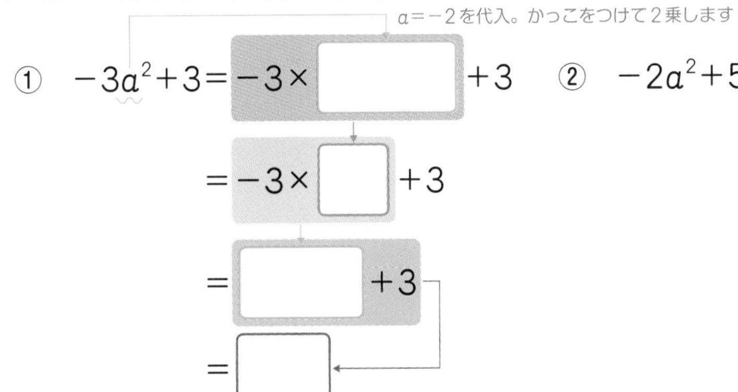

① $-3a^2+3=-3\times\square+3$
$=-3\times\square+3$
$=\square+3$
$=\square$

② $-2a^2+5$

これでカンペキ　2つの文字への代入

右のような，2つの文字に代入する場合も，やり方は同じです。

$x=2$，$y=-3$のとき，$5x-4y=5\times2-4\times(-3)$
$=10-(-12)$
$=22$

ステージ 17

項と係数

項をまとめよう！

$2x+1$のように記号＋で結ばれた$2x$や1を項(こう)といいます。
また，$2x$の項で，xの前の数2を，xの係数(けいすう)といいます。
$2x+1$のように，文字が1つだけかけられた式を1次式(いちじしき)といいます。

1 項のまとめ方

文字の部分が同じ項は，係数どうしを計算してまとめることができます。

係数　係数どうしを計算します

$2x+3x=(2+3)x$
$=5x$

項　項

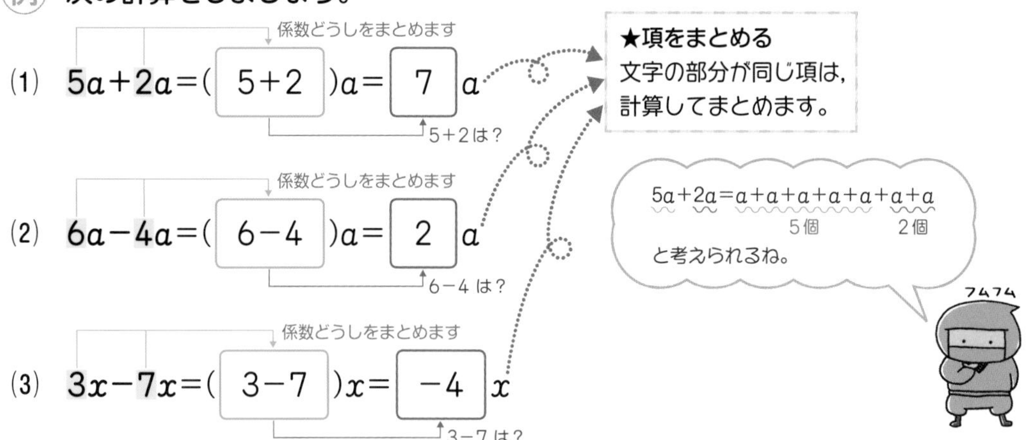

2 文字の項と数の項

文字の項と数の項が混じった式では，文字の部分が同じ項どうし，数の項どうしをまとめます。

数の項　数の項

$2x+4+3x+5=2x+3x+4+5$
$=5x+9$

文字の項　文字の項

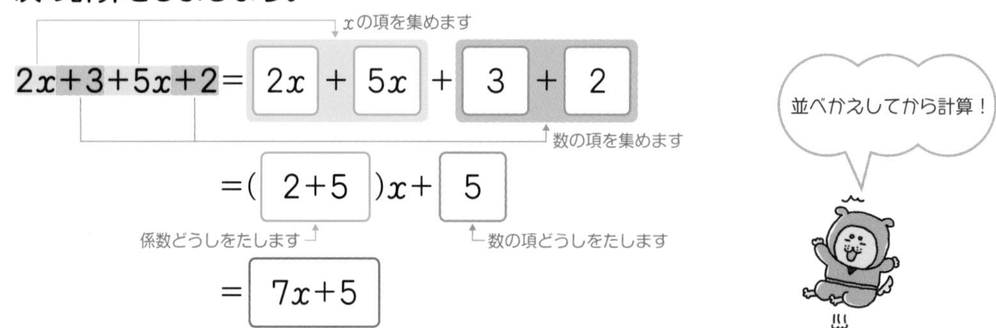

解いてみよう！

解答 p.7

1 次の計算をしましょう。

係数どうしをまとめます

(1) $4x+5x=(\quad)x=\square x$

計算します

(2) $6a+4a$

係数どうしをまとめます

(3) $9a-2a=(\quad)a=\square a$

計算します

(4) $10a-5a$

係数どうしをまとめます

(5) $2x-5x=(\quad)x=\square x$

計算します

(6) $5a-12a$

2 次の計算をしましょう。

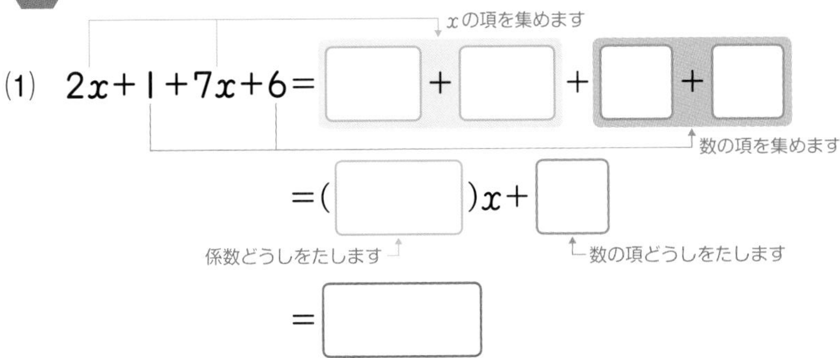

(2) $5a+3-2a+6$

これでカンペキ　係数が分数のとき

係数が分数のときも，計算のしかたは変わりません。通分して計算するようにしましょう。

係数どうしをたします

$$\frac{2}{3}x+\frac{1}{4}x=\left(\frac{2}{3}+\frac{1}{4}\right)x$$

$$=\left(\frac{8}{12}+\frac{3}{12}\right)x$$

通分して計算します

$$=\frac{11}{12}x$$

ステージ 18

1次式の和・差

式どうしをたそう，ひこう！

式どうしのたし算，ひき算では，文字の部分が同じ項(こう)どうし，数の項どうしをたしたりひいたりします。

1 式どうしの和

かっこのついた式で，かっこの前が＋のときは，そのままかっこをはずします。

かっこの前が＋

$4x+3+(2x+5)$

$=4x+3+2x+5$

（ ）をそのままはずすだけ！

例 次の計算をしましょう。

$2a+3+(4a+6)=2a+3+$ 4a+6 （そのままかっこをはずします）

かっこの前が＋

$=2a+$ 4a $+3+$ 6

aの項を集めます　数の項を集めます

$=$ 6a+9

★1次式の和
かっこの前が＋のときは，かっこはそのままはずします。
例 $+(4a+6)$ → $+4a+6$

2 式どうしの差

かっこのついた式で，かっこの前が－のときは，符号(ふごう)を変えてかっこをはずします。

かっこの前が－ (＋)

$4x+3-(2x+5)$

$=4x+3-2x-5$

$+2x$を$-2x$に変えます　$+5$を-5に変えます

例 次の計算をしましょう。

$4x+2-(2x-5)=4x+2$ −2x+5 （符号を変えてかっこをはずします）

かっこの前が－

$=4x$ −2x $+2+$ 5

xの項を集めます　数の項を集めます

$=$ 2x+7

★1次式の差
かっこの前が－のときは，符号を変えてかっこをはずします。
例 $-(2x-5)$ → $-2x+5$

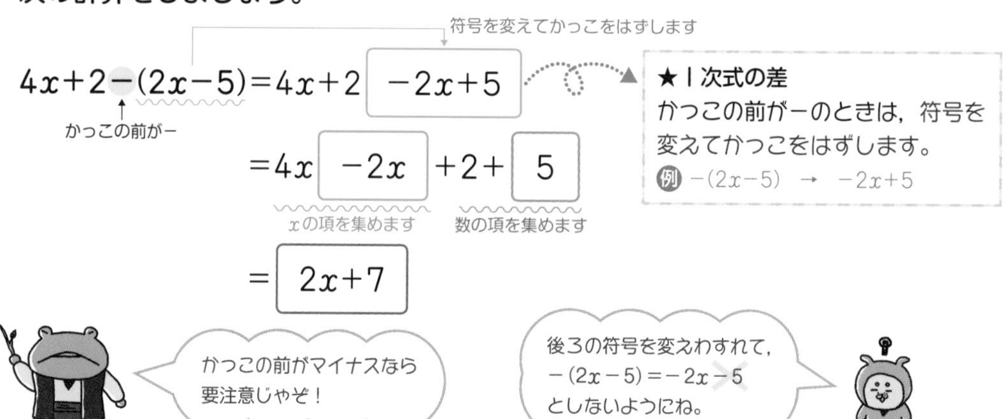

解いてみよう！

解答 p.7

1 次の計算をしましょう。

(1) $5x+4+(2x+1)=5x+4+$ □　（そのままかっこをはずします）

$=5x+$ □ $+4+$ □　（xの項を集めます／数の項を集めます）

$=$ □

(2) $3x+6+(6x+2)$

2 次の計算をしましょう。

(1) $6x+2-(3x-7)=6x+2$ □　（符号を変えてかっこをはずします）

$=6x$ □ $+2$ □　（xの項を集めます／数の項を集めます）

$=$ □

(2) $4x+8-(2x+5)$

とにかく符号には注意しよう！

これでカンペキ　係数が1のとき

文字式の計算のときも，係数の1は書かないというルールは同じです。

$4a+2-(3a+1)=4a+2-3a-1$

$=4a-3a+2-1$

$=(4-3)a+1$

$=a+1$　（1aと書かないように注意！）

ステージ 19

1次式の積・商

文字に数をかけよう，数でわろう！

文字の項（こう）と数のかけ算では，文字の係数と数をかけます。
文字の項を数でわるわり算では，わる数を逆数（ぎゃくすう）にして，かけ算になおします。

1 文字の項と数の乗法

文字の項に数をかける計算は，文字の係数と数の積に文字をつけます。

$3a\times4=3\times a\times4$ （かける順番を入れかえます）

$=3\times4\times a$ （数どうしのかけ算）

$=12a$ ← 数どうしの積に文字をつけます

例 次の計算をしましょう。

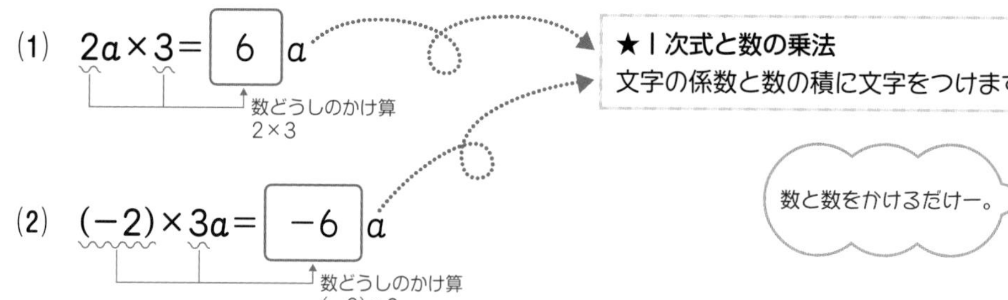

2 文字の項と数の除法

文字の項を数でわる計算は，わる数を逆数にして，かけ算になおします。

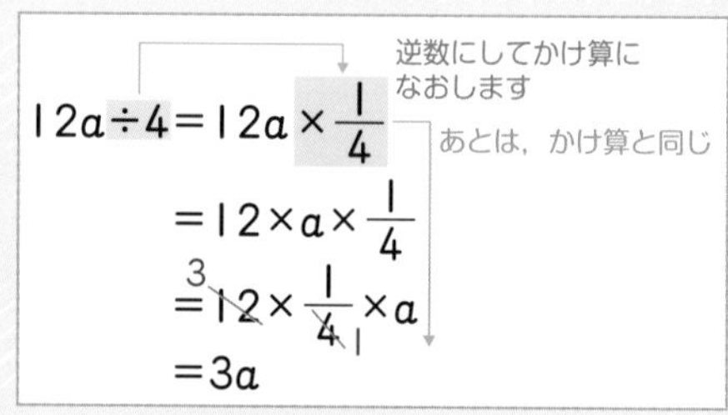

例 次の計算をしましょう。

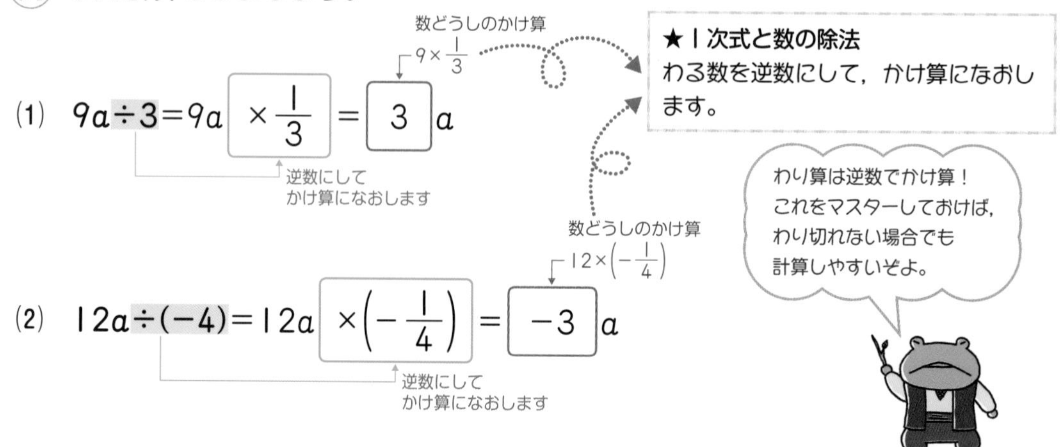

解いてみよう！

解答 p.7

1 次の計算をしましょう。

(1) $2a\times4=\square a$
　数どうしのかけ算

(2) $5x\times3$

(3) $6\times(-5a)=\square a$
　数どうしのかけ算

(4) $(-3)\times7x$

(5) $9\times10a$

(6) $(-2)\times(-8x)$

2 次の計算をしましょう。

(1) $16a\div8=16a\square=\square a$
　逆数にしてかけ算になおします
　数どうしのかけ算

(2) $24x\div6$

(3) $36a\div(-9)=36a\square=\square a$
　逆数にしてかけ算になおします
　数どうしのかけ算

(4) $72x\div(-8)$

これでカンペキ 分数のときの乗法・除法

数が分数のときも，計算のしかたは同じです。途中で約分することをわすれないようにしましょう。

$6a\times\frac{2}{3}=6\times\frac{2}{3}\times a$ （約分）
$=4a$ 数どうしのかけ算

$\frac{2}{3}a\div4=\frac{2}{3}a\times\frac{1}{4}$ 逆数にしてかけ算になおします
$=\frac{2}{3}\times\frac{1}{4}\times a$ （約分）
$=\frac{1}{6}a$

ステージ 20

分配法則

文字式のかっこのはずし方をおぼえよう！

式を数でかけたりわったりする場合は，分配法則(ぶんぱいほうそく)を使います。

1 1次式と数の乗法

文字のついた式に数をかける計算では，分配法則を使ってかっこをはずします。

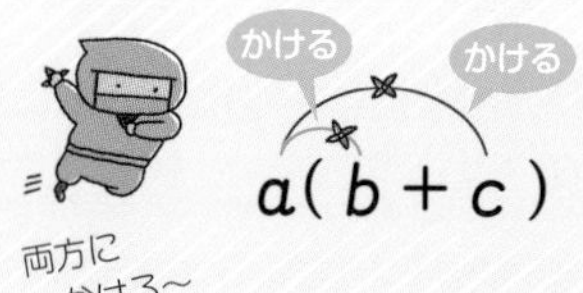

★分配法則

$a(b+c)=a\times b+a\times c$

例 次の計算をしましょう。

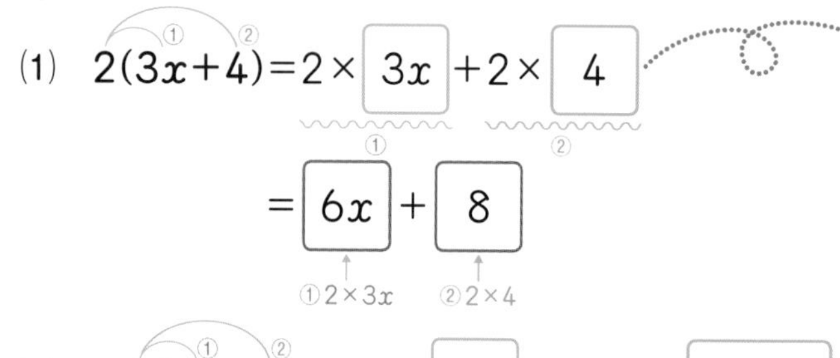

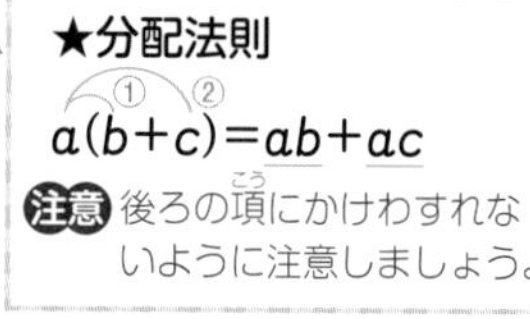

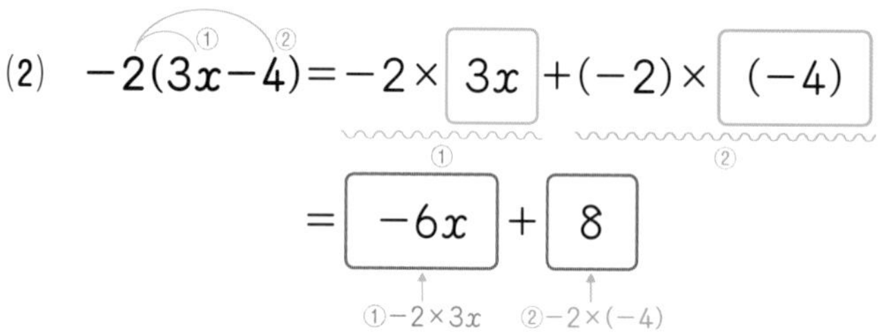

2 1次式と数の除法

文字のついた式を数でわる計算では，わる数を逆数にしてかけ算になおし，分配法則を使ってかっこをはずします。

逆数にしてかけ算になおします

$(6x+9)\div 3=(6x+9)\times\frac{1}{3}$

$=\overset{2}{\cancel{6}}x\times\frac{1}{\underset{1}{\cancel{3}}}+\overset{3}{\cancel{9}}\times\frac{1}{\underset{1}{\cancel{3}}}$ かけ算を計算します

$=2x+3$

例 次の計算をしましょう。

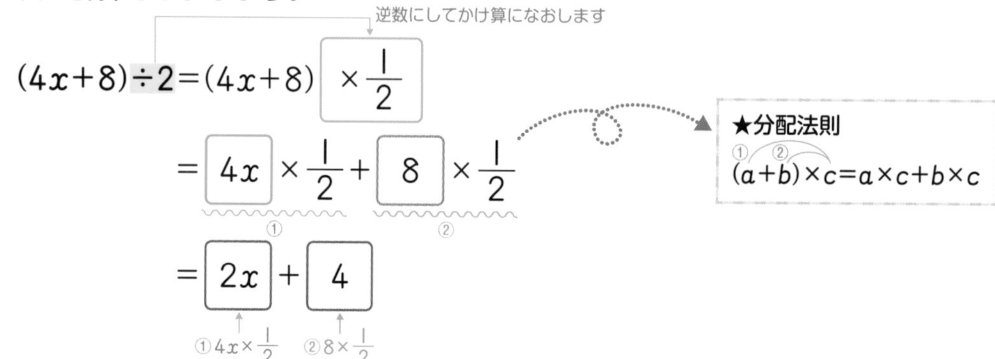

月　日

解いてみよう！

解答 p.7

1 次の計算をしましょう。

(1) $2(4a+1)=2\times\square+2\times\square$
①　②

$=\square+\square$
①　②

(2) $3(2x+4)$

(3) $-4(3x-5)=-4\times\square+(-4)\times\square$
①　②

$=\square+\square$
①　②

2 次の計算をしましょう。

(1) $(8x+12)\div 4=(8x+12)\square$ ← 逆数にしてかけ算になおします

$=\square\times\frac{1}{4}+\square\times\frac{1}{4}$
①　②

$=\square+\square$
①　②

(2) $(15a-20)\div 5$

これでカンペキ　分数の式と数の乗法

分数の形の式と整数のかけ算は，右のように計算します。

分子の式に数をかけるときは，式にかっこをつけるようにしましょう。

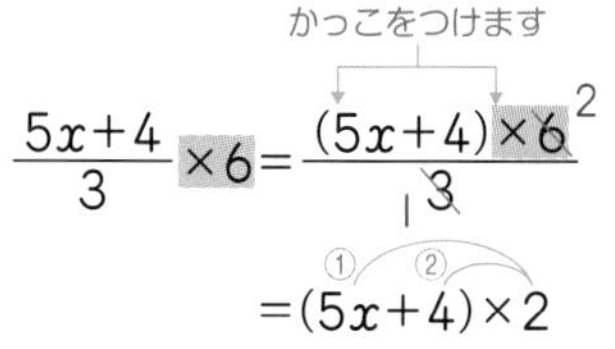

$\frac{5x+4}{3}\times 6=\frac{(5x+4)\times 6^{2}}{3_{1}}$

$=(5x+4)\times 2$

$=5x\times 2+4\times 2$

$=10x+8$

ステージ 21

等式と不等式

文字を使って式に表してみよう！

等号「＝」を使って数量の関係を表した式を等式（とうしき）といいます。また，不等号「<」「>」「≦」「≧」を使った式を不等式（ふとうしき）といいます。
等式や不等式で，左の部分を左辺（さへん），右の部分を右辺（うへん），あわせて両辺（りょうへん）といいます。

① 等式

等しい数量を，等号「＝」で結びます。

例 **1個100円のパンx個と，1個90円のおにぎりy個を買ったら，代金の合計は660円でした。このときの数量の関係を等式で表しましょう。**

それぞれの代金は，(1個の値段)×(個数)で求められます。

だから，1個100円のパンx個の代金は，100× x ＝ $100x$ (円)

1個90円のおにぎりy個の代金は，90× y ＝ $90y$ (円)

等式は，(パンの代金)＋(おにぎりの代金)＝(代金の合計)だから，

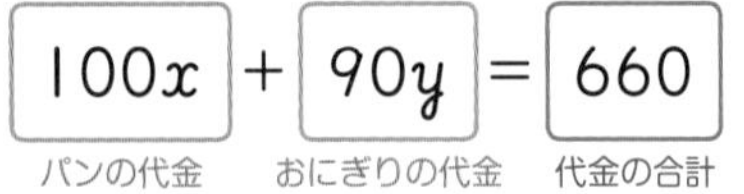

② 不等式

数量の大小を，不等号「<」「>」「≦」「≧」で結びます。

例 **1個100円のパンx個と，1個90円のおにぎりy個を買ったら，代金の合計は1000円より安くなりました。このときの数量の関係を不等式で表しましょう。**

それぞれの代金は，(1個の値段)×(個数)で求められます。

だから，1個100円のパンx個の代金は，100× x ＝ $100x$ (円)

1個90円のおにぎりy個の代金は，90× y ＝ $90y$ (円)

(パンの代金)＋(おにぎりの代金)が，1000円より安かったので，
(パンの代金)＋(おにぎりの代金)<(1000円)だから，

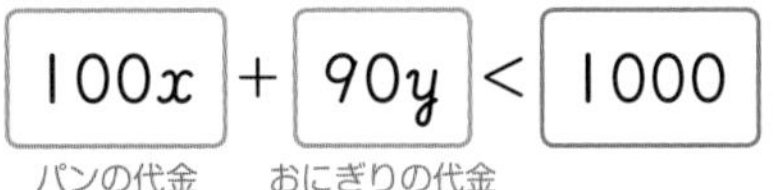

★不等号の意味
$a<b$ … aはbより小さい
$a \leqq b$ … aはb以下
$a>b$ … aはbより大きい
$a \geqq b$ … aはb以上

月　日

解いてみよう！

解答 p.8

1 次の数量の関係を等式で表しましょう。

(1) 1本80円の赤ペンa本と1本100円のえんぴつb本を買ったら，代金の合計は540円でした。

それぞれの代金は，(1本の値段)×(　　　)で求められます。

だから，1本80円の赤ペンa本の代金は，80×□＝□(円)

1本100円のえんぴつb本の代金は，100×□＝□(円)

等式は，(赤ペンの代金)＋(えんぴつの代金)＝(代金の合計)だから，

□＋□＝□

赤ペンの代金　えんぴつの代金　代金の合計

(2) 1枚10円のシールx枚と1枚20円のシールy枚を買ったら，代金の合計は250円でした。

2 1本70円の赤ペンa本と1本90円のえんぴつb本を買ったら，代金の合計は500円より高くなりました。このときの数量の関係を不等式で表しましょう。

それぞれの代金は，(1本の値段)×(　　　)で求められます。

だから，1本70円の赤ペンa本の代金は，70×□＝□(円)

1本90円のえんぴつb本の代金は，90×□＝□(円)

(赤ペンの代金)＋(えんぴつの代金)＞(500円)だから，

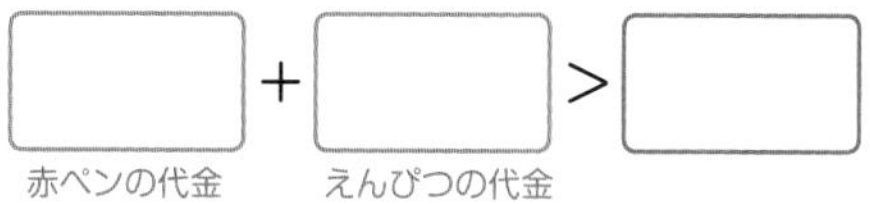

確認テスト

解答 p.9

/100点

 次の式を，文字式の表し方にしたがって表しましょう。(3点×6)

(1) $a\times b\times(-c)$　(2) $x\times(-2)\times y$　(3) $x\times x\times x\times x$

(4) $y\times y\times y\times(-3)$　(5) $a\div 8$　(6) $x\div 3-y\times 5$

2 次の問いに答えましょう。(4点×2)

(1) $a=4$のとき，$2a-10$の値を求めましょう。

(2) $a=-4$のとき，$2a^2-15$の値を求めましょう。

 次の計算をしましょう。(3点×6)

(1) $a+a$　(2) $10x-5x$　(3) $8b-15b$

(4) $3a+1+4a+2$　(5) $x+6+2x-4$　(6) $8a-3-10a-7$

4 次の計算をしましょう。(3点×4)　ステージ18

(1) $3x+2+(2x+5)$　(2) $4x-2+(9x-5)$

(3) $4x+1-(3x+8)$　(4) $8x-5-(10x-4)$

5 次の計算をしましょう。(3点×6)　ステージ19

(1) $3x\times3$　(2) $2x\times(-5)$　(3) $-6\times(-3b)$

(4) $12a\div4$　(5) $-81a\div9$　(6) $-21x\div(-3)$

6 次の計算をしましょう。(4点×4)　ステージ20

(1) $3(5x+1)$　(2) $-3(9x-6)$

(3) $(20x+30)\div10$　(4) $(12a-36)\div6$

7 次の数量の関係を，等式や不等式で表しましょう。(5点×2)

ステージ21

(1) 1本60円のお茶x本と，1本90円のジュースy本を買ったら，代金の合計は1290円でした。

(2) 1個120円の手裏剣(しゅりけん)をa枚と，1袋(ふくろ)150円のまきびしをb袋買ったら，代金の合計は500円以上でした。

数魔小太郎からの挑戦状

解答 p.9

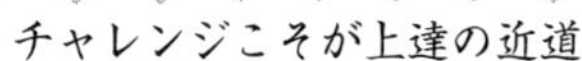

問題

小太郎(こたろう)は甘(あま)い物が大好きです。1個250円のケーキと1個150円のプリンを食べようと買ってきました。

このとき，$250a+150b \geqq 1000$ となることを表した文章を作りましょう。

答え 「$250a+150b \geqq 1000$」について，右辺，左辺が何を表しているか考えてみましょう。

左辺の $250a+150b$ について，

$250a=$ ①______ × ②______ なので，250円の③________ を②______ 個買ったときの④________ を表しています。

同じように，$150b=$ ⑤______ × ⑥______ なので，150円の⑦________ を⑥______ 個買ったときの⑧________ を表しています。

これらの和が，1000以上なので，ケーキを⑨______ 個とプリンを⑩________ 個の⑪________ の合計が⑫________ 以上であるとわかります。

答えを整理して書いてみよう!

式が何を表しているか読みとれたかな？
項(こう)1つ1つが何を表しているのかを考えるのがポイントじゃ！

「文字の巻」伝授!

3章 方程式

次にねらうは「方程式(ほうていしき)の巻」。

「正負(せいふ)の巻」，「文字の巻」を伝授された者にだけ挑戦(ちょうせん)することが許される。文章題のステージは特に難関！

算術上忍(じょうにん)になるために，「方程式の巻」をゲットしよう！

里を流れる移項川(いこうがわ)に巻物があると考えた増太郎(ますたろう)は，川へ向かった！

ステージ 22

方程式とその解①

方程式について知ろう！

式の中の文字に代入する値によって，成り立ったり成り立たなかったりする等式を方程式といいます。方程式を成り立たせる文字の値を，方程式の解といいます。

1 方程式の解

方程式の解であるかどうかは，文字の値を代入して確かめることができます。

例 1，2，3のうち，方程式 $3x+2=11$ の解はどれですか。

左辺に，$x=1$，$x=2$，$x=3$ を代入して，左辺＝右辺になる値を探します。

① $x=1$ を代入すると，左辺は，$3\times$ 1 $+2=$ 3 $+2=$ 5 （3×1は？）

右辺は11なので，左辺と右辺の値は等しくない。

② $x=2$ を代入すると，左辺は，$3\times$ 2 $+2=$ 6 $+2=$ 8 （3×2は？）

右辺は11なので，左辺と右辺の値は等しくない。

③ $x=3$ を代入すると，左辺は，$3\times$ 3 $+2=$ 9 $+2=$ 11 （3×3は？）

右辺は11なので，左辺と右辺の値は等しい。

だから，方程式 $3x+2=11$ の解は，$x=$ 3

★方程式の解
左辺と右辺の値が等しくなる x の値が，その方程式の解となります。

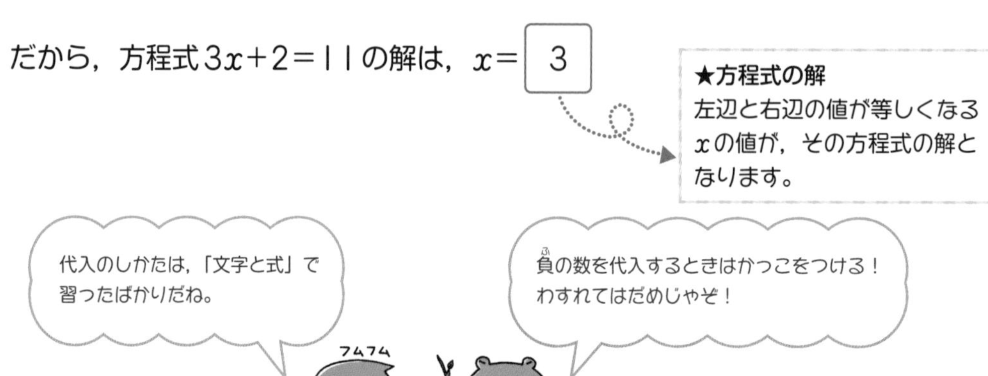

月　日

解いてみよう！

解答 p.10

1 1，2，3のうち，方程式 $2x-3=1$ の解はどれですか。

左辺に，$x=1$，$x=2$，$x=3$ を代入して，左辺＝右辺になる値を探します。

① $x=1$ を代入すると，左辺は，$2\times$ □ $-3=$ □ $-3=$ □

右辺は1なので，左辺と右辺の値は等しくない。

② $x=2$ を代入すると，左辺は，$2\times$ □ $-3=$ □ $-3=$ □

右辺は1なので，左辺と右辺の値は等しい。

③ $x=3$ を代入すると，左辺は，$2\times$ □ $-3=$ □ $-3=$ □

右辺は1なので，左辺と右辺の値は等しくない。

だから，方程式 $2x-3=1$ の解は，$x=$ □

2 1，2，3のうち，方程式 $5x+3=13$ の解はどれですか。

これでカンペキ　両辺（りょうへん）に x がある方程式

両辺に x がある方程式でも，x の値を代入することは同じです。両辺にそれぞれ代入して，値が等しくなるか確かめましょう。

方程式 $2x+1=x+2$ について，
$x=1$ を，左辺に代入すると，$2\times1+1=2+1=3$
　　　　右辺に代入すると，$1+2=3$
両辺の値が等しいので，
$x=1$ は，方程式 $2x+1=x+2$ の解です。

3章　方程式

ステージ 23

方程式とその解②

等式の性質をおぼえよう！

方程式の解を求めるときは，等式の性質を利用します。

1 等式の性質

等式には，右のような性質があります。

$A=B$ ならば，

1 $A+C=B+C$　2 $A-C=B-C$

3 $A\times C=B\times C$　4 $A\div C=B\div C$ ($C\neq 0$)

例 次の方程式を解きましょう。

(1) $x-5=2$

$x-5+\boxed{5}=2+\boxed{5}$

左辺を x だけにします　左辺と同じ数をたします

$x=\boxed{7}$

★等式の性質1
$A+C=B+C$
等式の両辺に同じ数をたしても，等式は成り立ちます。

(2) $x+3=8$

$x+3-\boxed{3}=8-\boxed{3}$

左辺を x だけにします　左辺と同じ数をひきます

$x=\boxed{5}$

★等式の性質2
$A-C=B-C$
等式の両辺から同じ数をひいても，等式は成り立ちます。

(3) $4x=12$

$4x\div\boxed{4}=12\div\boxed{4}$

左辺を x だけにします　左辺と同じ数でわります

$x=\boxed{3}$

★等式の性質4
$A\div C=B\div C$ ($C\neq 0$)
等式の両辺を同じ数でわっても，等式は成り立ちます。

まず，左辺を x だけにするためには，どんな計算をすればいいか考えるのじゃ。

月　日

解いてみよう！

解答 p.10

1 次の方程式を解きましょう。

(1) $x-7=2$

$x-7+\square=2+\square$

左辺を x だけにします　左辺と同じ数をたします

$x=\square$

(2) $x-10=20$

(3) $x+5=15$

$x+5-\square=15-\square$

左辺を x だけにします　左辺と同じ数をひきます

$x=\square$

(4) $x+4=10$

(5) $3x=15$

$3x\div\square=15\div\square$

左辺を x だけにします　左辺と同じ数でわります

$x=\square$

(6) $7x=21$

3章 方程式

これでカンペキ　もう１つの等式の性質

等式の性質には，$A=B$ のとき $B=A$ というものもあります。

左辺と右辺を入れかえても，等式は成り立つことをおぼえておきましょう。

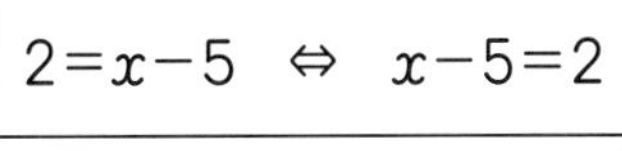

$2=x-5 \Leftrightarrow x-5=2$

ステージ 24

方程式の解き方

移項をマスターしよう！

等式の一方の辺にある項(こう)を，他方の辺に符号(ふごう)を変えて移すことを，移項(いこう)といいます。移項を利用することで，効率よく方程式を解くことができます。

1 移項

等式の性質を使って，右辺から左辺に（左辺から右辺に），項を移すことができます。
符号を変えることがポイントです。

例 次の方程式を解きましょう。

(1) $x-5=2$

数字はそのままで符号を変えます

$x=2+5$

$x=7$ ← 2+5

★等式の性質①
$A+C=B+C$
$x-5=2$ → $x-5+5=2+5$
左辺に5をたせば，xだけになります。
右辺にも5をたせば，等式の性質より，
等式は成り立ちます。

(2) $5x=3x+8$

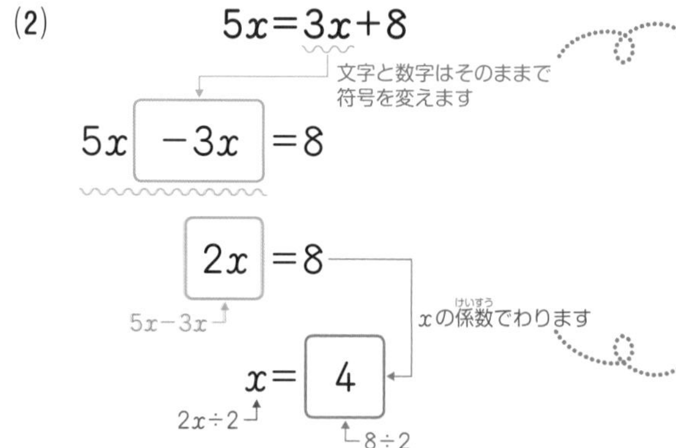

★等式の性質②
$A-C=B-C$
$5x=3x+8$ → $5x-3x=3x+8-3x$
右辺から$3x$をひけば，数だけになります。
左辺からも$3x$をひけば，等式の性質より，
等式は成り立ちます。

★等式の性質④
$A \div C=B \div C$
$2x=8$ → $2x \div 2=8 \div 2$
左辺を2でわれば，xだけになります。
右辺も2でわれば，等式の性質より，
等式は成り立ちます。

★方程式を解く手順
①xをふくむ項を左辺，数の項を右辺に移項する。
②$ax=b$の形にする。
③両辺をxの係数でわる。

$3x-5=x+1$
①
$3x-x=1+5$
②
$2x=6$
③
$x=3$

解いてみよう！

解答 p.10

1 次の方程式を解きましょう。

(1) $x-6=3$

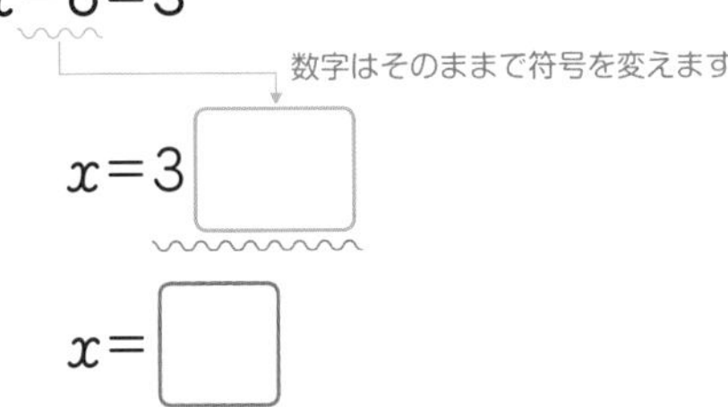

(2) $x+5=8$

(3) $4x=2x+10$

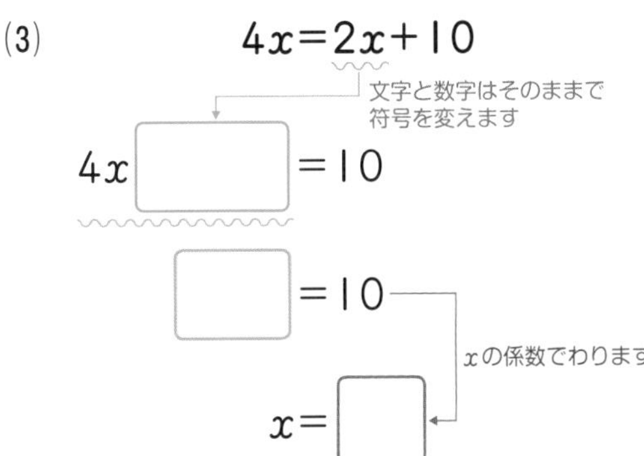
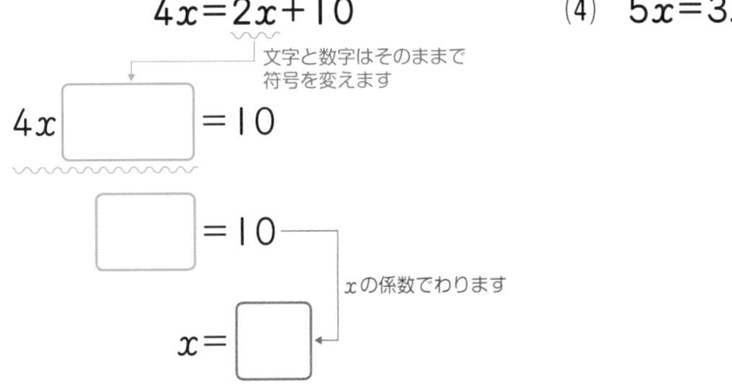

(4) $5x=3x+12$

(5) $5x-6=3x+2$

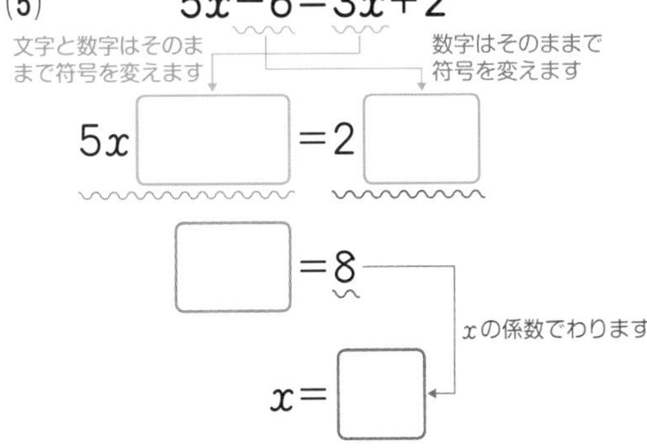
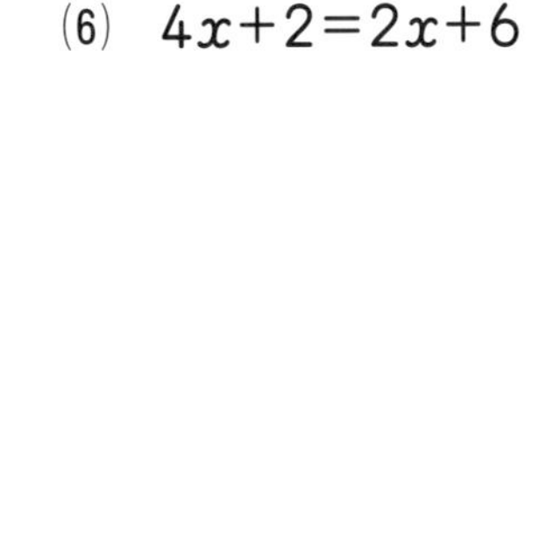

(6) $4x+2=2x+6$

これでカンペキ　わり切れないときの方程式の解

方程式の解は，いつも整数であるとは限りません。わり切れないときは，分数で表すようにしましょう。

$$5x=2x+7$$
$$5x-2x=7$$
$$3x=7$$
$$x=\frac{7}{3}$$

xの係数3で7をわって，$7\div3=\frac{7}{3}$

ステージ 25

いろいろな方程式①

かっこや小数をふくむ方程式を解こう！

見た目が複雑な形の方程式は，両辺を整理してから解きます。

1 かっこをふくむ方程式

分配法則（ぶんぱいほうそく）を使って，かっこをはずします。

★分配法則

$a(b+c)=a\times b+a\times c$

例 方程式 $4x-14=2(x+3)$ を解きましょう。

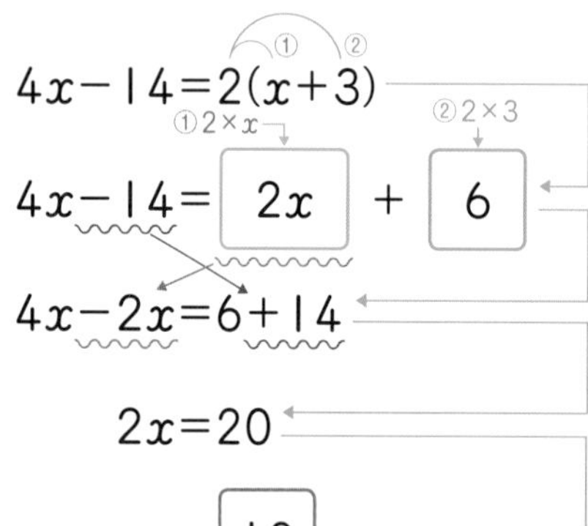

$4x-14=2(x+3)$ （①$2\times x$　②$2\times 3$）

かっこをはずします

$4x-14=\boxed{2x}+\boxed{6}$

xをふくむ項を左辺に，数だけの項を右辺に移項（いこう）します

$4x-2x=6+14$

両辺をそれぞれ計算し，整理します

$2x=20$

両辺を2でわります

$x=\boxed{10}$

★分配法則

$a(b+c)=ab+ac$

注意 後ろの項（こう）にかけわすれないように注意しましょう。

かっこ，小数がなくなれば，ふつうの方程式といっしょだね！

2 小数をふくむ方程式

すべての項に10や100をかけて，小数を整数にします。

★小数を整数にする

$0.3x\rightarrow 0.3x\times 10=3x$

$0.05a\rightarrow 0.05a\times 100=5a$

例 方程式 $0.2x-0.1=-0.5x+2$ を解きましょう。

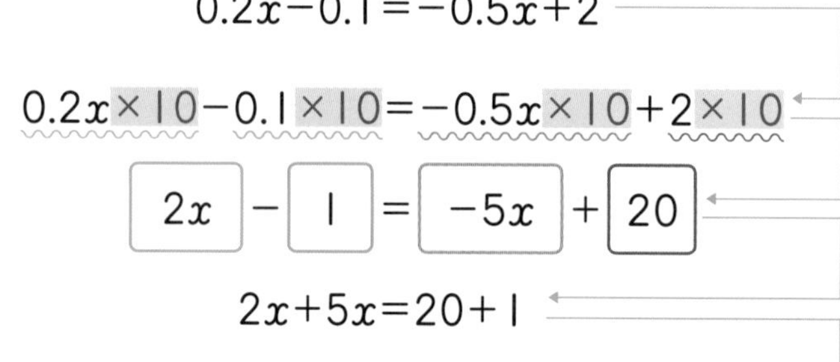

$0.2x-0.1=-0.5x+2$

すべての項に10をかけます

注意 整数部分にかけわすれないようにしましょう。

$0.2x\times 10-0.1\times 10=-0.5x\times 10+2\times 10$

数がすべて整数になります

$\boxed{2x}-\boxed{1}=\boxed{-5x}+\boxed{20}$

移項します

$2x+5x=20+1$

整理します

$7x=21$

両辺を7でわります

$x=\boxed{3}$

★小数を整数にする

すべての項に10や100をかけて小数を整数にします。

月　日

解答 p.10

1 次の方程式を解きましょう。

(1) $8x-10=3(2x+4)$

①　②

①$3\times 2x$　②$3\times 4$

$8x-10=\square+\square$

$8x-6x=12+10$

$2x=22$

$x=\square$

(2) $2(x+1)=4(x+4)$

2 次の方程式を解きましょう。

(1) $0.3x-0.8=0.5x+1$

$0.3x\times 10-0.8\times 10=0.5x\times 10+1\times 10$

$\square-\square=\square+\square$

$3x-5x=10+8$

$-2x=18$

$x=\square$

(2) $0.03x+0.07=0.04x-0.05$

これで**カンペキ**　**小数点の位置がばらばらだったらどうするの？**

数によって小数点の位置がちがうときは，小数点以下のけた数がいちばん多い小数にあわせて，何をかければよいか考えましょう。

$0.05x+2=0.1x-0.3$

$0.05x\times 100+2\times 100=0.1x\times 100-0.3\times 100$

$5x+200=10x-30$

0.05にあわせて100をかけます

ステージ 26

いろいろな方程式②

分数をふくむ方程式と比例式を解こう！

文字の係数に分数があるときは，分母をはらって解くようにしましょう。
$a : b = c : d$のような，比(ひ)が等しいことを表す式を比例式(ひれいしき)といいます。

1 分数をふくむ方程式

両辺に分母の最小公倍数をかけて，分母をはらいます。

例 方程式$\frac{1}{2}x = \frac{1}{3}x + 2$を解きましょう。

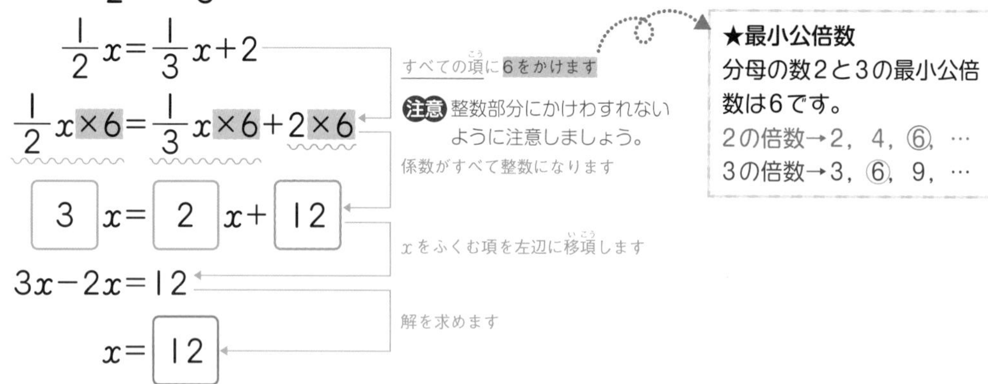

★最小公倍数
分母の数2と3の最小公倍数は6です。
2の倍数→2，4，⑥，…
3の倍数→3，⑥，9，…

2 比例式

比例式では，次のことが成り立ちます。

$a : b = c : d$ならば，$ad = bc$

例 比例式$x : 3 = 6 : 2$を解きましょう。

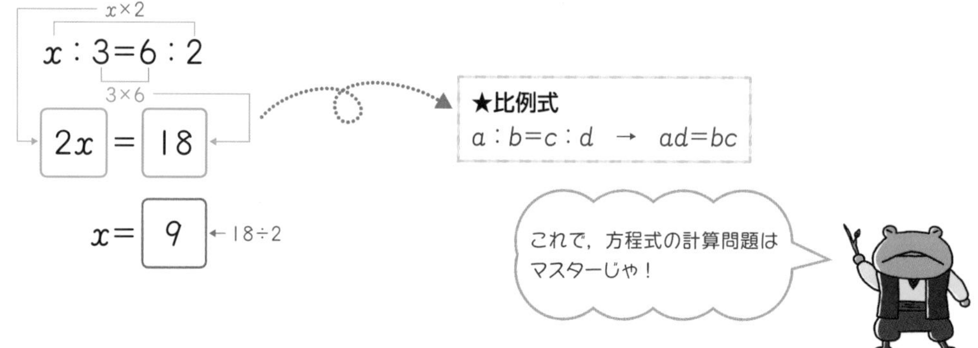

★比例式
$a : b = c : d \rightarrow ad = bc$

月　日

解答 p.11

1 次の方程式を解きましょう。

(1) $\frac{1}{3}x=\frac{1}{4}x+2$

$\frac{1}{3}x\times 12=\frac{1}{4}x\times 12+2\times 12$

□$x=$□$x+$□

$4x-3x=24$

$x=$□

(2) $\frac{1}{2}x=\frac{1}{6}x+3$

2 次の比例式を解きましょう。

(1) $x:4=3:2$

$x\times 2$

4×3

□＝□

$x=$□

(2) $x:6=2:3$

これで**カンペキ** 式をふくむ比例式

右のような，式をふくむ比例式のときも，解き方は変わりません。

式にはかっこをつけて計算するようにしましょう。

$(x+1):3=6:2$

$2(x+1)=18$ ← 式のかっこはつけたまま計算します

$2x+2=18$

$2x=18-2$

$2x=16$

$x=8$

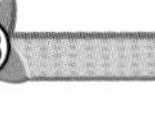

ステージ 27

1次方程式の利用①

個数と代金の文章題を解こう！

個数と代金に関する方程式の文章題を解いてみましょう。
（1個の値段）×（個数）＝（代金の合計）という式が基本になります。

例　1個80円のパンと1個100円のおにぎりをあわせて8個買ったところ，代金の合計は700円でした。パンとおにぎりをそれぞれ何個買いましたか。

数の関係をつかむ

パンの代金は，（パン1個の値段）×（買った個数）
おにぎりの代金は，（おにぎり1個の値段）×（買った個数）
} 合計が 700 円

xとおく

パンの個数をx個とおきます。
（パンの個数）＋（おにぎりの個数）＝8だから，おにぎりの個数は，（ $8-x$ ）個

式をつくる

（パンの代金）＋（おにぎりの代金）＝（代金の合計）だから，

$80x$ ＋ $100(8-x)$ $=700$

方程式を解く

方程式を解くと，

$$\begin{aligned} 80x+100(8-x)&=700 \\ 80x+800-100x&=700 \\ 80x-100x&=700-800 \\ -20x&=-100 \\ x&=5 \end{aligned}$$

求める答えになおす

おにぎりの個数は，8−5＝ 3 より， 3 個です。

だから，買ったパンの個数は 5 個，おにぎりの個数は 3 個です。

この解は問題にあっています。

解いてみよう！

解答 p.11

1 1個20円のあめと1個50円のチョコレートをあわせて10個買ったところ，代金の合計は410円でした。あめとチョコレートをそれぞれ何個買いましたか。

数の関係をつかむ

あめの代金は，（あめ1個の値段）×（買った個数）
チョコレートの代金は，（チョコレート1個の値段）×（買った個数）
｝合計が［　　］円

xとおく

あめの個数をx個とおきます。
（あめの個数）＋（チョコレートの個数）＝10だから，チョコレートの個数は，（）個

式をつくる

（あめの代金）＋（チョコレートの代金）＝（代金の合計）だから，

［　　］＋［　　　　］＝410

方程式を解く

方程式を解くと，［　　　　　　　　］

求める答えになおす

チョコレートの個数は，10－3＝［　］より，［　］個です。

だから，買ったあめの個数は［　］個，チョコレートの個数は［　］個です。

この解は問題にあっています。

ステージ 28

1次方程式の利用②

速さの文章題を解こう！

速さに関する方程式の文章題を解いてみましょう。(速さ)＝(道のり)÷(時間)，(時間)＝(道のり)÷(速さ)，(道のり)＝(速さ)×(時間)の関係はおぼえておきましょう。

例 増太郎(ますたろう)は，分速60mで家から駅に向かって歩きました。増太郎が出発してから5分後に小太郎(こたろう)が分速120mで走って増太郎を追いかけはじめ，その後追いつきました。小太郎が増太郎に追いついたのは，小太郎が出発してから何分後ですか。

数の関係をつかむ

増太郎が進む道のりは，
（増太郎の速さ）×（進んだ時間）
小太郎が進む道のりは，
（小太郎の速さ）×（進んだ時間）
} 同じ

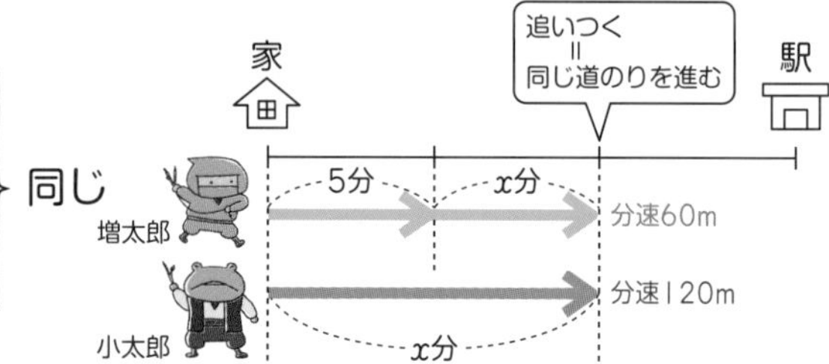

xとおく

図のように，小太郎が進んだ時間をx分とおきます。
増太郎は，小太郎の5分前に出発しているから，増太郎が進んだ時間は，
（増太郎の方が5分長く進んでいます）

($x+5$)分

式をつくる

（増太郎が進む道のり）＝（小太郎が進む道のり）だから，

$60(x+5)$ ＝ $120x$

方程式を解く

方程式を解くと，

$$60(x+5)=120x$$
$$60x+300=120x$$
$$60x-120x=-300$$
$$-60x=-300$$
$$x=5$$

求める答えになおす

だから，小太郎が増太郎に追いつくのは，小太郎が出発してから 5 分後です。

この解は問題にあっています。

解いてみよう！

解答 p.11

1 増太郎は，分速80mで家から駅に向かって歩きました。増太郎が出発してから2分後に小太郎が分速100mで走って増太郎を追いかけはじめ，その後追いつきました。小太郎が増太郎に追いついたのは，小太郎が出発してから何分後ですか。

数の関係をつかむ

増太郎が進む道のりは，
（増太郎の速さ）×（進んだ時間）
小太郎が進む道のりは，
（小太郎の速さ）×（進んだ時間）
} 同じ

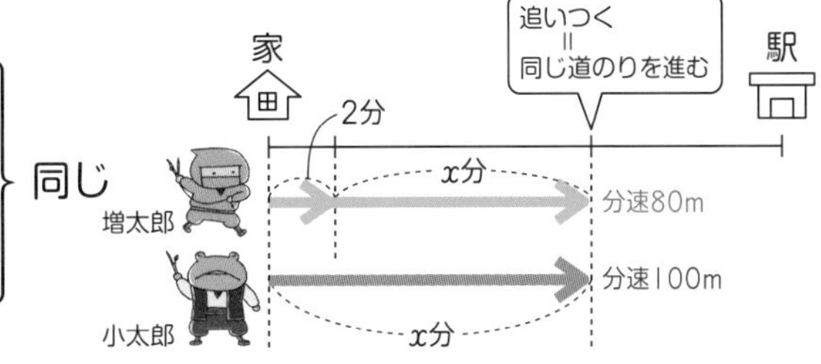

xとおく

図のように，小太郎が進んだ時間をx分とおきます。
増太郎は，小太郎の2分前に出発しているから，増太郎が進んだ時間は，
増太郎の方が2分長く進んでいます

（　　　）分

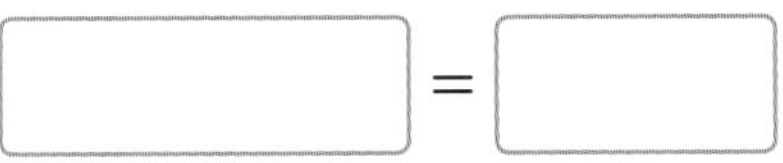

式をつくる

（増太郎が進む道のり）＝（小太郎が進む道のり）だから，

［　　　　］＝［　　　］

方程式を解く

方程式を解くと，

求める答えになおす

だから，小太郎が増太郎に追いつくのは，小太郎が出発してから［　］分後です。

この解は問題にあっています。

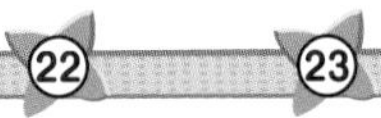

確認テスト

解答 p.12

/100点

次の方程式を解きましょう。（5点×10）

(1) $x-3=8$

(2) $x+5=10$

(3) $x-10=12$

(4) $x+6=20$

(5) $5x=30$

(6) $\frac{x}{3}=6$

(7) $5x+2=3x-8$

(8) $7x-4=2x+6$

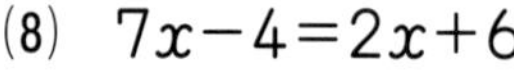

(9) $6x+2=5x-20$

(10) $-x+3=9x-27$

2 次の方程式を解きましょう。(8点×2)　ステージ 25

(1) $4x-5=3(2x+7)$

(2) $0.4x-0.5=0.3x+1$

3 次の方程式と比例式を解きましょう。(8点×2)

(1) $\frac{1}{6}x=\frac{1}{9}x+2$

(2) $x:5=8:4$

4 1本50円のえんぴつと1本80円の赤ペンをあわせて6本買ったところ，代金の合計は360円でした。えんぴつと赤ペンをそれぞれ何本買いましたか。(8点)

5 小太郎(こたろう)は，分速40mで忍者屋敷(にんじゃやしき)から池に向かって歩きました。小太郎が出発してから6分後に増太郎(ますたろう)が分速70mで小太郎を追いかけはじめ，その後追いつきました。増太郎が小太郎に追いついたのは，増太郎が出発してから何分後ですか。

(10点)

数魔小太郎からの挑戦状

解答 p.12

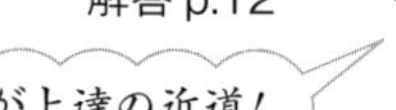

増太郎(ますたろう)は，$\frac{5}{4}x+\frac{1}{6}-\frac{5}{3}-\frac{7}{8}x$を，次のように計算しました。

$$\frac{5}{4}x+\frac{1}{6}-\frac{5}{3}-\frac{7}{8}x=\left(\frac{5}{4}x+\frac{1}{6}-\frac{5}{3}-\frac{7}{8}x\right)\times 24 \quad \leftarrow ①$$

$$=30x+4-40-21x \quad \leftarrow ②$$

$$=9x-36 \quad \leftarrow ③$$

そのあと見直しをしたときに，この計算は間違(まちが)っていることに気づきました。どこが間違っているのかを簡単に説明しましょう。

答え　計算過程＿＿＿＿で，＿＿＿＿＿＿＿＿＿＿＿＿をかけてはいけない。

↑①～③の数字を書きましょう　↑あてはまることばを書きましょう

正しい計算をしてみよう!

$\frac{5}{4}x+\frac{1}{6}-\frac{5}{3}-\frac{7}{8}x$

分母をはらっていいときはどういうときかな?

「方程式の巻」伝授!

4章 比例と反比例

次にねらうは「比例反比例の巻」。

２つの数の関係にまつわる問題を解けてこそ，はじめて算術上忍への扉が開かれる。

グラフがたくさんかかれた「比例反比例の巻」ゲットを目指せ！

こうして増太郎は，座標池へ向かった！

ステージ 29

関数

関数について知ろう！

いろいろな値をとる文字を変数といい，ふつう，xやyを使って表します。
2つの変数x，yがあり，xの値が決まるとyの値も1つに決まるとき，yはxの関数であるといいます。

例 30L入る空の水そうに，水そうがいっぱいになるまで，毎分3Lずつ水を入れるとき，x分後に入った水の量をyLとします。

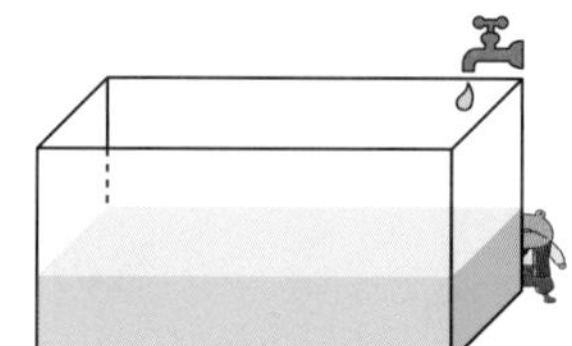

(1) xとyの関係を，次の表にまとめましょう。

x	1	2	3	4	5
y	3	6	9	12	15

1分間に3Lの水が入る
2分間に3×2=6(L)の水が入る
3分間に3×3=9(L)の水が入る
4分間に3×4=12(L)の水が入る
5分間に3×5=15(L)の水が入る

(2) yはxの関数であるといえますか。
xの値を決めると，yの値は1つに決まることがわかります。
だから，yはxの関数であるといえます。

★関数
xの値が決まるとyの値も1つに決まるとき，yはxの関数であるといいます。

例 次のxとyについて，yがxの関数であるといえるかをそれぞれ答えましょう。

(1) 身長$x$cmの人の足のサイズ$y$cm
同じ身長の人でも，足のサイズは人によってちがいます。
つまり，身長$x$cmを決めても，足のサイズ$y$cmは1つに決まりません。

だから，yはxの関数ではないといえます。

(2) 1秒間に3m進む自転車のx秒間で進む道のりym
1秒間で3m進むから，2秒間では3×2=6(m)，3秒間では3×3=9(m)，…のように，進む時間x秒を決めると，進む道のりymは1つに決まります。
だから，yはxの関数であるといえます。

解いてみよう！

解答 p.13

1 水そうに，毎分 5L ずつ水を入れるとき，x 分間で入った水の量を yL とします。

(1) x と y の関係を，次の表にまとめましょう。

x	1	2	3	4	5
y					

1 分間に 5L の水が入る

(2) y は x の関数であるといえますか。
x の値を決めると，y の値は 1 つに決まることがわかります。

だから，［　　　　］といえます。

2 次の x と y について，y は x の関数であるといえるかをそれぞれ答えましょう。

(1) 1 辺が $x$cm の正方形の面積 $y$cm^2
正方形の面積は，(1 辺)×(1 辺) で求められます。
1 辺が 1cm のとき 1×1＝1(cm^2)，2cm のとき 2×2＝4(cm^2)，
3cm のとき 3×3＝9(cm^2)，…のように，1 辺の長さ $x$cm を決めると，
面積 $y$cm^2 は 1 つに決まります。

だから，［　　　　］といえます。

(2) x 歳（さい）の人の体重 $y$kg
同じ年齢（ねんれい）の人でも，体重は人によってちがいます。
つまり，年齢 x 歳を決めても，体重 $y$kg は 1 つに決まりません。

だから，［　　　　］といえます。

これでカンペキ　変域（へんいき）

左ページの水そうの例題では，水は水そうに30L までしか入りません。
つまり，水そうは30÷3＝10(分) でいっぱいになるので，x は0以上10以下となります。
これを，不等号を使って，$0 \leqq x \leqq 10$ と表します。
このような，変数のとりうる値の範囲（はんい）を変域といいます。

ステージ 30

比例する量

比例についてもっと知ろう！

xとyの関係を，y=～の形で表すことを，yをxの式(しき)で表すといいます。yがxの関数で$y=ax$と表されるとき，yはxに比例(ひれい)するといい，aを比例定数(ひれいていすう)といいます。

1 比例の関係

xとyの関係が$y=ax$と表されるとき，yはxに比例します。

xの値が2倍，3倍，…になると，yの値も2倍，3倍，…になります。

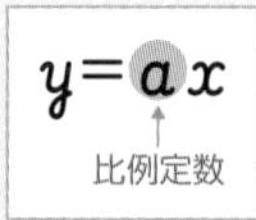

変数x，yの値は変わっても定数aの値は変わらんぞ！

例 空(から)の水そうに，毎分4Lずつ水を入れるとき，x分後に入った水の量をyLとします。

(1) yをxの式で表しましょう。

1分後の水の量 … 4×1＝4(L)
2分後の水の量 … 4×2＝8(L)
3分後の水の量 … 4×3＝12(L)
} 4×(時間)＝(水の量)

⋮

x分後の水の量 … 4× x ＝ $4x$ (L) ←これがyLと等しい

水そうで金魚飼いたい。

だから，式は $y=4x$ と表すことができます。

★比例の関係
$y=ax$のとき，
yはxに比例する。

(2) 8分後の水の量を求めましょう。

$y=4x$に，x＝ 8 を代入(だいにゅう)して求めます。→ y＝4× 8 ＝ 32

↑x＝8を代入

だから，8分後の水の量は， 32 Lです。

2 比例の式の求め方

比例の式$y=ax$に，x，yの値を代入すると，比例定数aを求めることができます。

例 yがxに比例し，x＝2のときy＝6です。yをxの式で表しましょう。

比例の式$y=ax$に，x＝2，y＝6を代入します。→ 6 ＝a× 2

$2a$ ＝6

a＝ 3 ←6÷2＝3

$y=ax$に代入

式は， $y=3x$

月　日

解いてみよう！

解答 p.13

1 水そうに，毎分6Lずつ水を入れるとき，x分間で入った水の量をyLとします。

(1) yをxの式で表しましょう。

1分後の水の量 … 6×1＝6(L)
2分後の水の量 … 6×2＝12(L)　6×(時間)＝(水の量)
3分後の水の量 … 6×3＝18(L)
⋮
x分後の水の量 … 6×□＝□(L)

だから，式は□と表すことができます。

(2) 10分間で入った水の量を求めましょう。

$y=6x$に，$x=$□を代入して求めます。→ $y=6×$□＝□

だから，10分間で入った水の量は，□Lです。

2 yがxに比例するとき，yをxの式で表しましょう。

(1) $x=3$のとき$y=12$

比例の式$y=ax$に，$x=3$，$y=12$を代入します。

□$=a×$□

□$=12$

$a=$□

式は，□

(2) $x=2$のとき$y=4$

これで
カンペキ 比例定数が負(ふ)の数？

$y=-4x$のように，比例定数aが負の数になっても，$y=ax$という形で表されるので，比例の関係であるといえます。

右の表からも，比例の性質が成り立っていることがわかります。

x	…	1	2	3	…
y	…	−4	−8	−12	…

（2倍　3倍）

4章 比例と反比例

ステージ 31

座標

座標の表し方をおぼえよう！

平面上での点の位置は，座標（ざひょう）という x と y の値の組で表すことができます。

1 座標

右の図で，横の直線（ちょくせん）を x 軸（じく），縦の直線を y 軸，x 軸と y 軸をあわせて座標軸（ざひょうじく），座標軸の交点Oを原点（げんてん）といいます。
点の座標を読みとるときは，x 軸，y 軸のめもりを読みます。

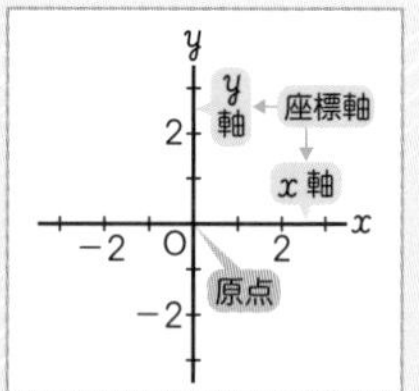

例 次の点の座標を求めましょう。

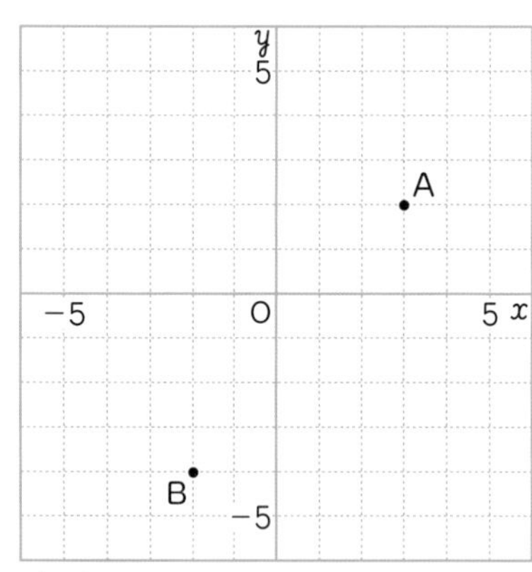

(1) 点Aの座標

右図より，x 座標は 3

y 座標は 2

よって，(3 ， 2)

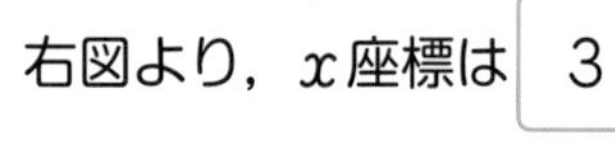

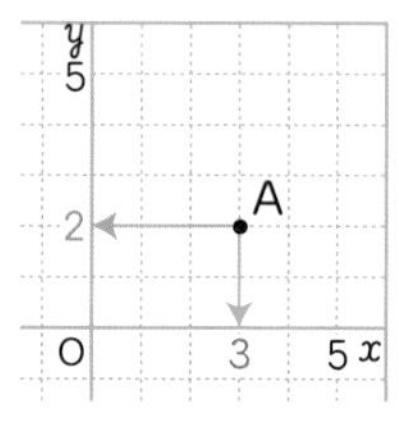

(2) 点Bの座標

右図より，x 座標は −2

y 座標は −4

よって，(−2，−4)

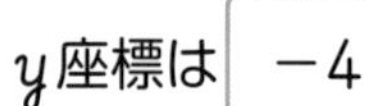

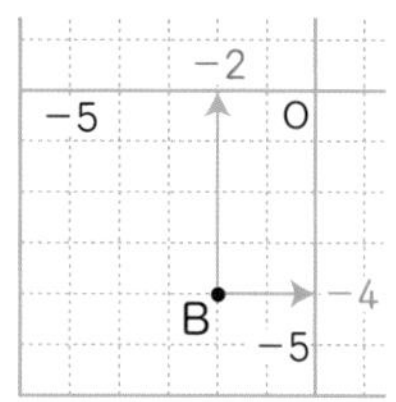

例 次の点をかきましょう。

(1) C(3，5) 点の記号

点Cは，原点Oから，

右へ 3 ，上へ 5 進んだ点

だから，

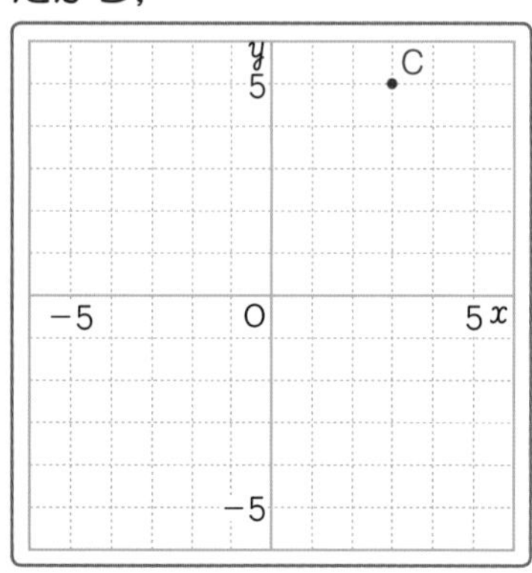

(2) D(−2，4)

点Dは，原点Oから，

左へ 2 ，上へ 4 進んだ点

だから，

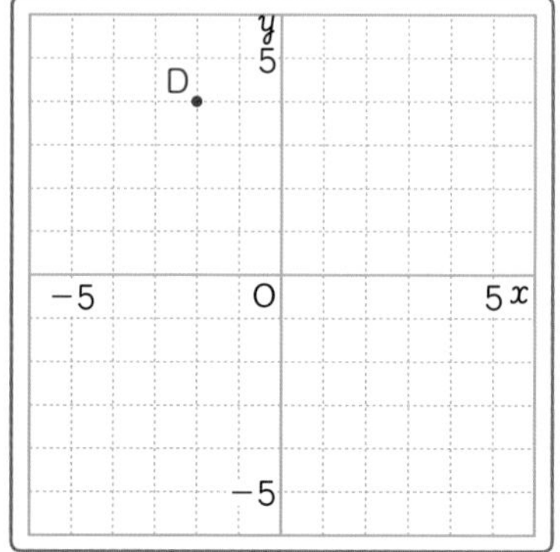

月　日

解いてみよう！

解答 p.13

1 次の点の座標を求めましょう。

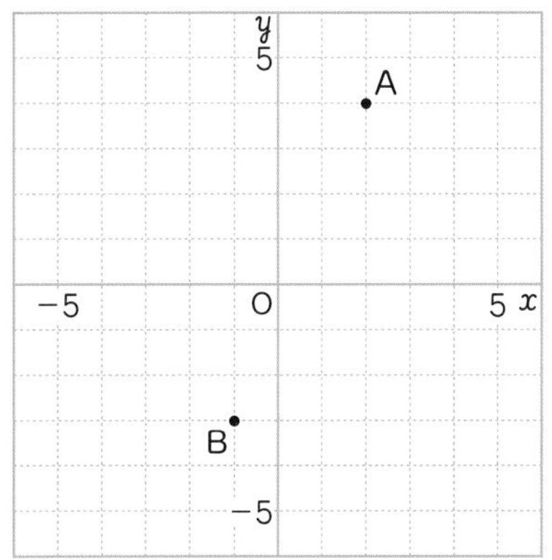

(1) **点Aの座標**

右図より，x 座標は □

y 座標は □

よって，（□，□）

x 座標　y 座標

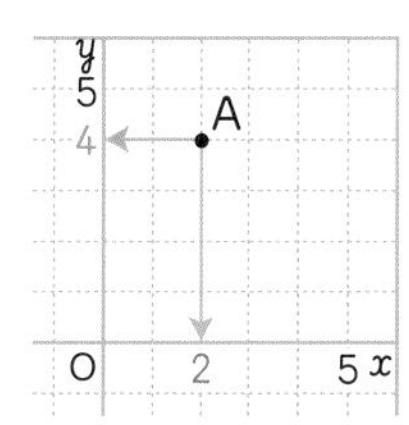

(2) **点Bの座標**

右図より，x 座標は □

y 座標は □

よって，□

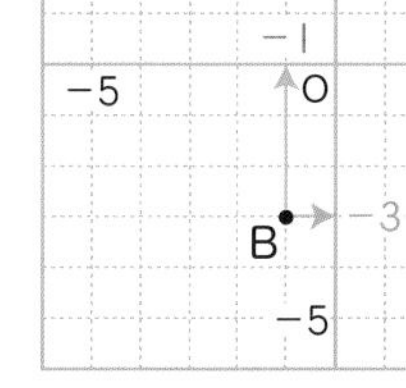

2 次の点をかきましょう。

(1) C(2，4)

点Cは，原点Oから，

右へ □，上へ □ 進んだ点

だから，

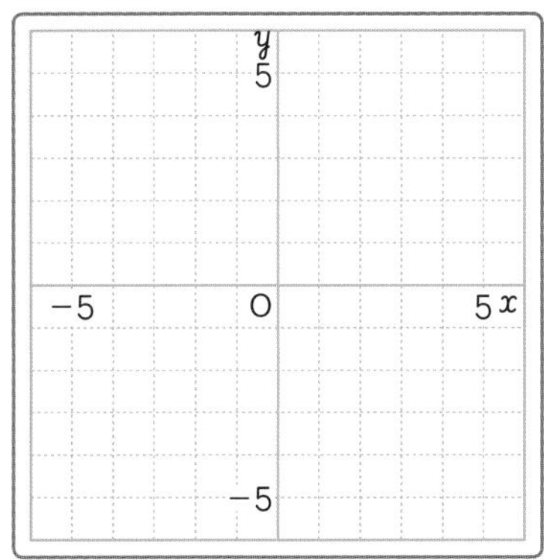

(2) D(4，−3)

点Dは，原点Oから，

右へ □，下へ □ 進んだ点

だから，

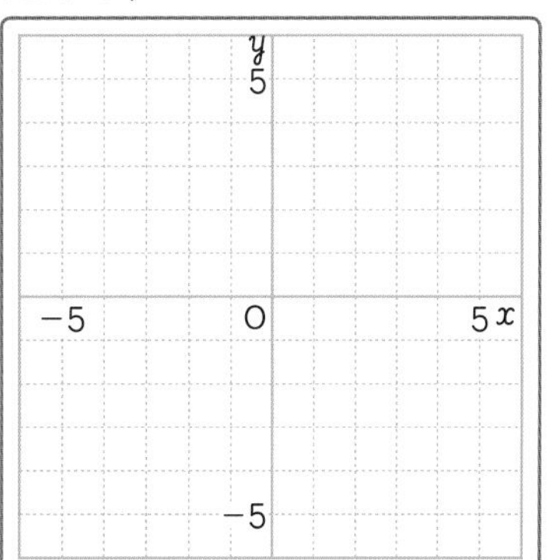

これでカンペキ　軸の上の点

x 軸上にある点は y 座標が0，y 軸上にある点は x 座標が0になります。

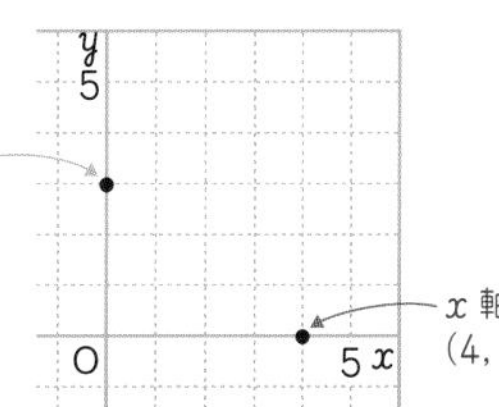

ステージ 32

比例のグラフ

比例のグラフのかき方をおぼえよう！

比例のグラフのかき方を確認しましょう。小学校でも比例のグラフについては学習しましたが，中学校では，負の数まで広げて考えます。

1 比例のグラフ

比例のグラフは，原点を通る直線になります。

$y=ax$ のグラフは，比例定数 a の正負（せいふ）によって，右の図のようになります。

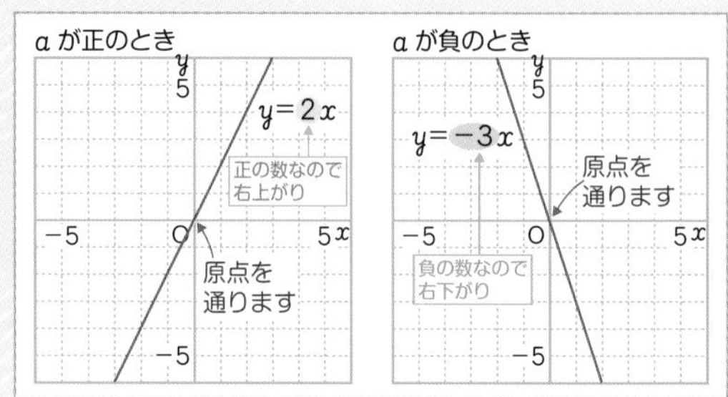

例 次の比例のグラフをかきましょう。

(1) $y=3x$

$y=3x$ に，$x=1$ を代入すると，

$y=3\times$ 1 $=$ 3

つまり，$y=3x$ のグラフは，

原点と点(1 , 3)の２点を通ります。

右の図のように２点を通る直線をかきます。

★比例のグラフ
$y=ax$ で，$a>0$ のとき
グラフは右上がり。

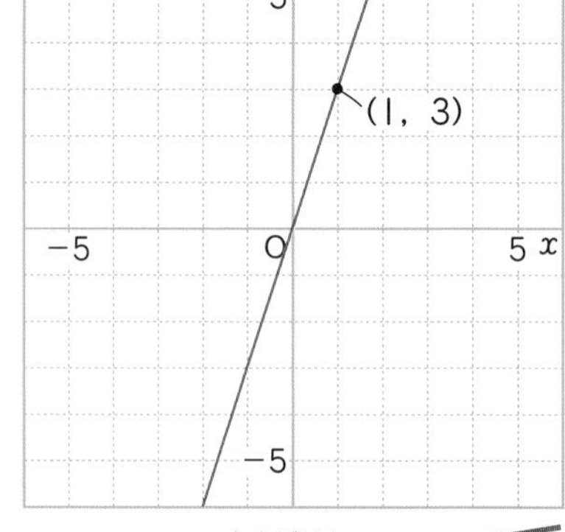

(2) $y=-2x$

$y=-2x$ に，$x=1$ を代入すると，

$y=-2\times$ 1 $=$ -2

つまり，$y=-2x$ のグラフは，

原点と点(1 , -2)の２点を通ります。

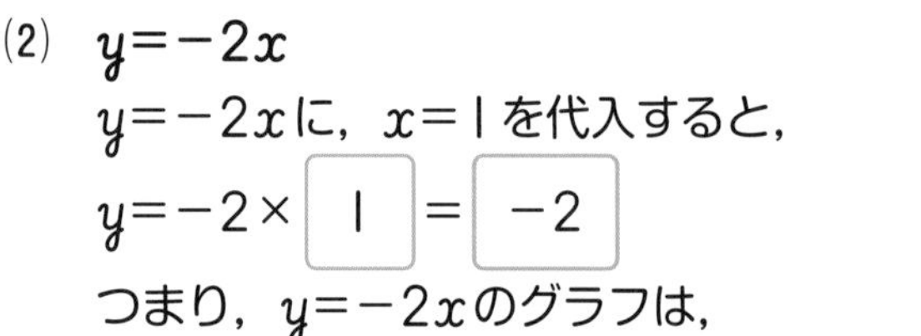

右の図のように２点を通る直線をかきます。

★比例のグラフ
$y=ax$ で，$a<0$ のとき
グラフは右下がり。

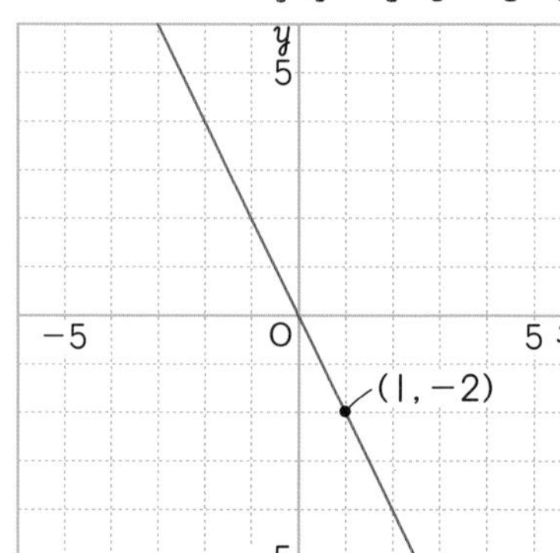

月　日

解いてみよう！

解答 p.13

1 次の比例のグラフをかきましょう。

(1) $y=4x$

$y=4x$ に，$x=1$ を代入すると，

$y=4\times$ □ = □

つまり，$y=4x$ のグラフは，

原点と点(□ , □)の２点を通ります。

２点を通る直線をかきます。

(2) $y=-x$

$y=-x$ に，$x=1$ を代入すると，

$y=-1\times$ □ = □

つまり，$y=-x$ のグラフは，

原点と点(□ , □)の２点を通ります。

２点を通る直線をかきます。

(3) $y=x$

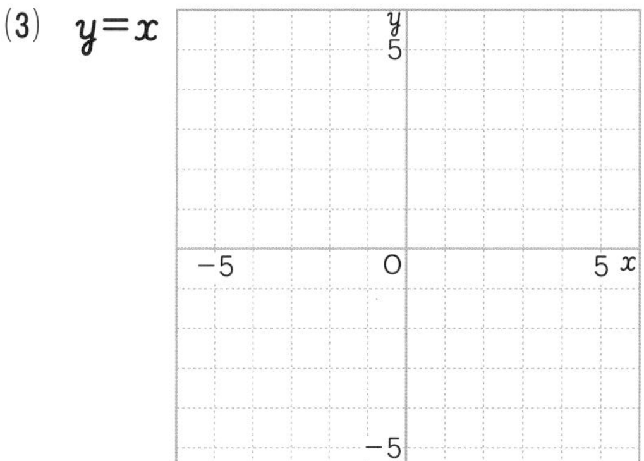

(4) $y=-4x$

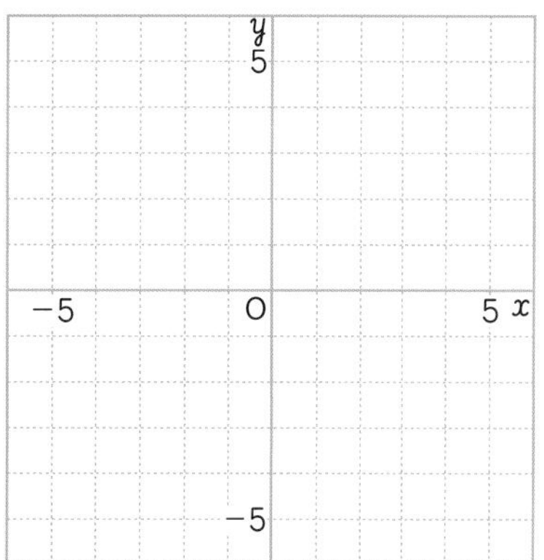

これで **カンペキ** a が分数のとき

比例定数 a が分数のときもグラフのかき方は同じです。y が整数になるような，整数 x の値を考えましょう。

$y=\frac{1}{2}x$ のグラフは，式に $x=2$ を代入して，

$y=\frac{1}{2}\times 2=1$ だから，原点と点(2，1)の２点を通る。

ステージ 33

反比例する量

反比例についてもっと知ろう！

yがxの関数で，$y=\frac{a}{x}$と表されるとき，yはxに反比例する（はんぴれい）といいます。

1 反比例の関係

xとyの関係が$y=\frac{a}{x}$ $(a\neq0)$と表されるとき，yはxに反比例します。

xの値が2倍，3倍，…になると，yの値は$\frac{1}{2}$倍，$\frac{1}{3}$倍，…になります。

例　面積が20cm^{2}である長方形の縦の長さを$x$cm，横の長さを$y$cmとします。

(1)　yをxの式で表しましょう。

(長方形の面積)＝(縦)×(横)だから，20＝ x（縦）× y（横） → $y=\frac{20}{x}$

(2)　縦の長さが5cmのときの横の長さを求めましょう。

$y=\frac{20}{x}$に，$x=$ 5 を代入して求めます。→ $y=\frac{20}{5}=$ 4

だから，縦が5cmのときの横の長さは， 4 cmです。

★反比例の関係
$y=\frac{a}{x}$のとき，
yはxに反比例する。

2 反比例の式の求め方

反比例$y=\frac{a}{x}$では，xyの値は一定で，比例定数aに等しくなります。

例　yがxに反比例し，$x=2$のとき$y=3$です。yをxの式で表しましょう。

反比例の式$y=\frac{a}{x}$に，$x=2$，$y=3$を代入します。→ 3（yの値）$=\frac{a}{2}$（xの値）

$a=$ 3 × 2 ＝ 6

式は， $y=\frac{6}{x}$ （$y=\frac{a}{x}$に代入）

解いてみよう！

解答 p.14

1 面積が40cm^{2}である長方形の縦の長さを$x$cm，横の長さを$y$cmとします。

(1) yをxの式で表しましょう。

(長方形の面積)＝(縦)×(横)だから，40＝□×□　→　y＝□

(2) 縦が8cmのときの横の長さを求めましょう。

$y=\frac{40}{x}$に，x＝□を代入して求めます。→　$y=\frac{40}{\square}$＝□

だから，縦が8cmのときの横の長さは，□cmです。

2 yがxに反比例するとき，yをxの式で表しましょう。

(1) $x=4$のとき$y=5$

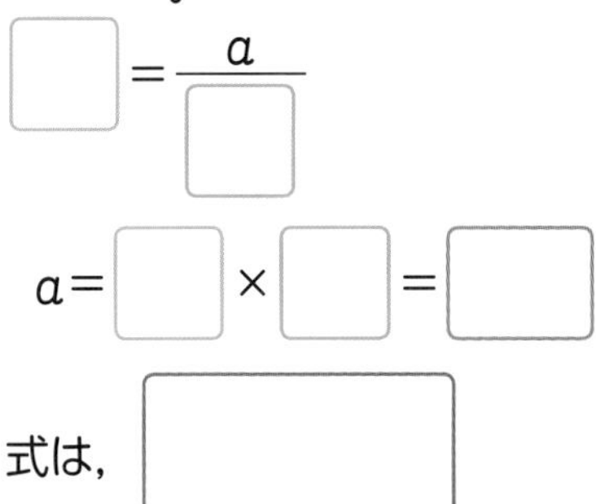

反比例の式$y=\frac{a}{x}$に，

$x=4$，$y=5$を代入します。

$\square=\frac{a}{\square}$

a＝□×□＝□

式は，□

(2) $x=1$のとき$y=6$

これで**カンペキ** 反比例で比例定数が負の数の場合は？

$y=-\frac{6}{x}$のように，比例定数aが負の数になっても，反比例の関係であるといえます。

右の表からも，反比例の性質が成り立っていることがわかります。

x	…	1	2	3	…
y	…	−6	−3	−2	…

（x：2倍，3倍　→　y：$\frac{1}{2}$倍，$\frac{1}{3}$倍）

ステージ34 反比例のグラフ

反比例のグラフのかき方をおぼえよう！

反比例のグラフのかき方を確認しましょう。
反比例のグラフは，双曲線（そうきょくせん）とよばれる，2つのなめらかな曲線になります。

1 反比例のグラフ

反比例のグラフは，双曲線になります。
$y=\frac{a}{x}$のグラフは，比例定数aの正負によって，右の図のような形になります。

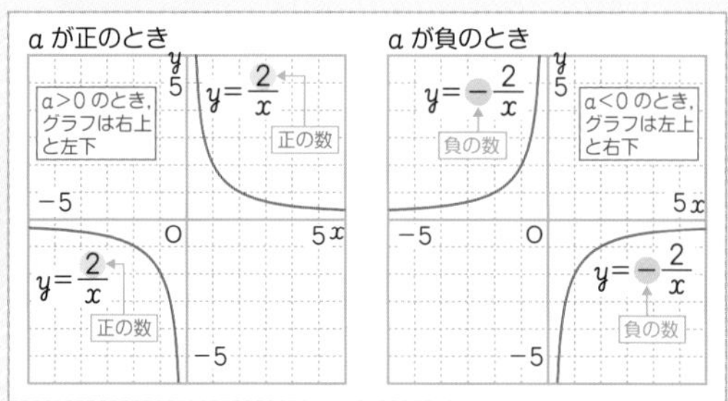

例 次の反比例のグラフをかきましょう。

(1) $y=\frac{6}{x}$

xとyの関係を表に表すと，次のようになります。

x	−6	−3	−2	−1	0	1	2	3	6
y	−1	−2	−3	−6	×	6	3	2	1

右の図のように，これらの点を通るなめらかな曲線をかきます。

注意 折れ線にならないように注意しましょう

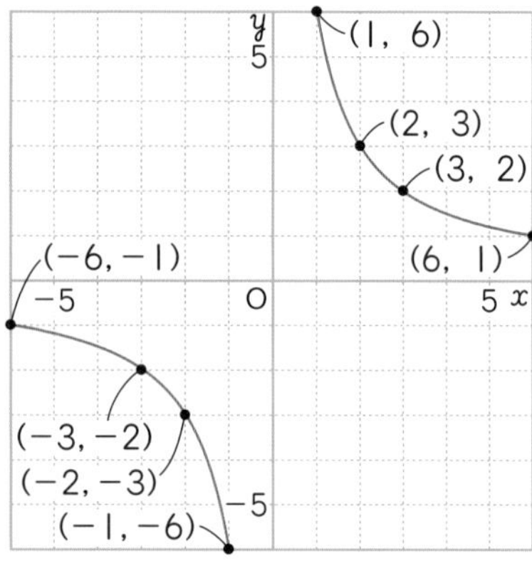

(2) $y=-\frac{4}{x}$

xとyの関係を表に表すと，次のようになります。

x	−4	−2	−1	0	1	2	4
y	1	2	4	×	−4	−2	−1

右の図のように，これらの点を通るなめらかな曲線をかきます。

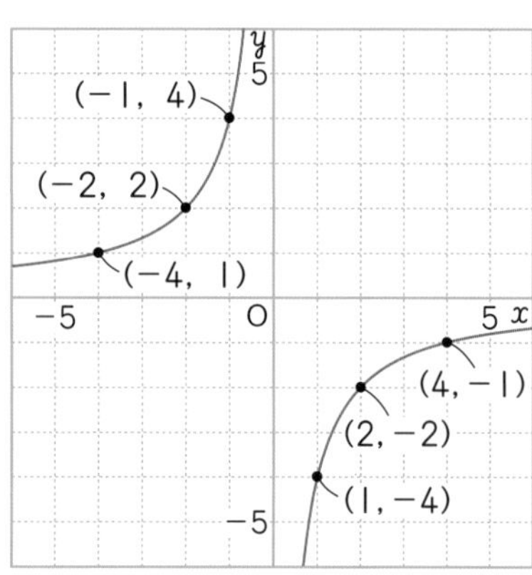

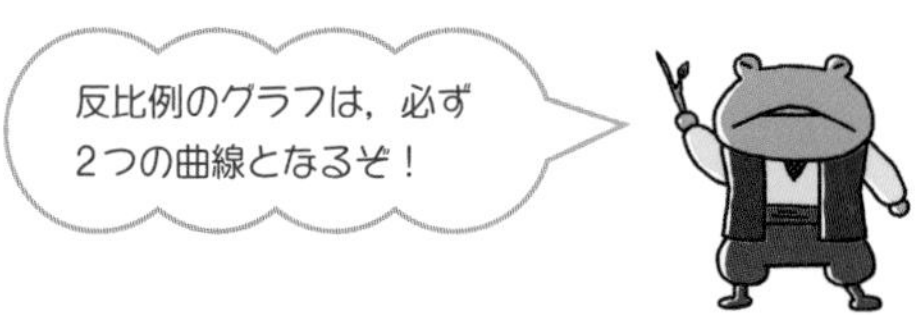

解いてみよう！

解答 p.14

1 次の反比例のグラフをかきましょう。

(1) $y=\frac{4}{x}$

xとyの関係を表に表すと，次のようになります。

x	-4	-2	-1	0	1	2	4
y				×			

これらの点を通るなめらかな曲線をかきます。

(2) $y=-\frac{6}{x}$

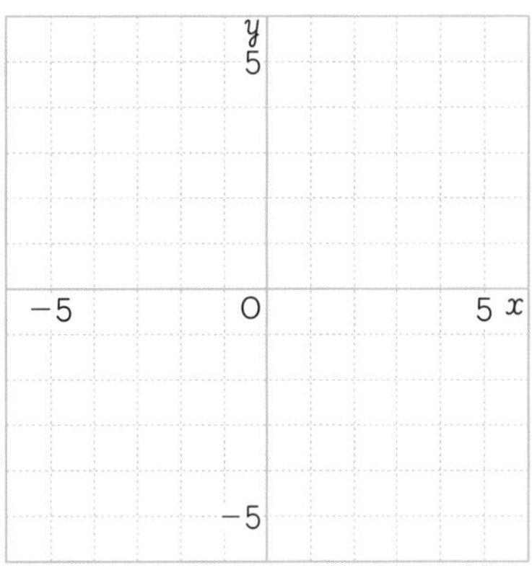

xとyの関係を表に表すと，次のようになります。

x	-6	-3	-2	-1	0	1	2	3	6
y					×				

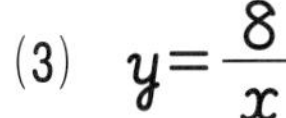

これらの点を通るなめらかな曲線をかきます。

(3) $y=\frac{8}{x}$

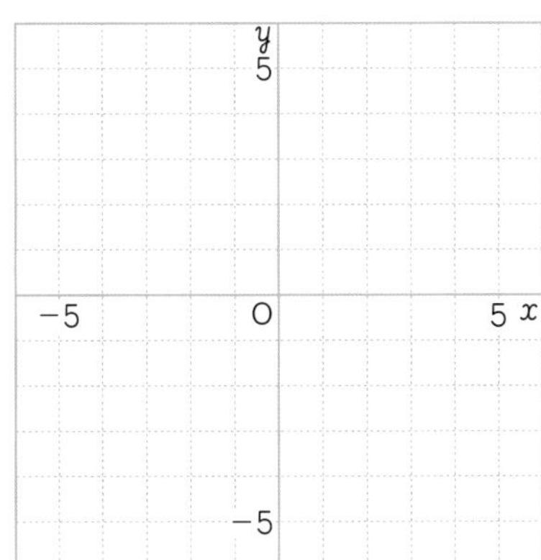

(4) $y=-\frac{12}{x}$

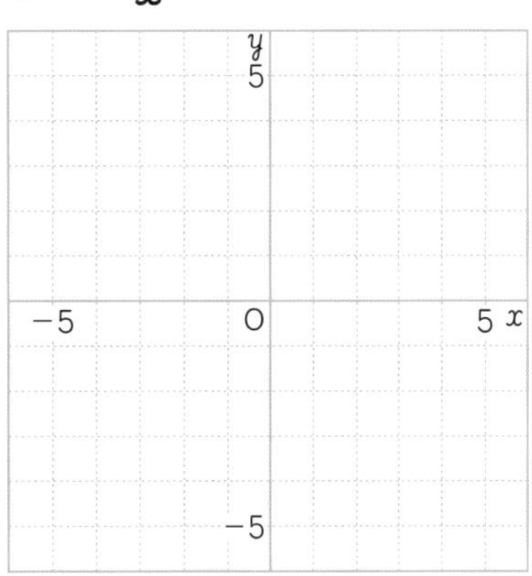

確認テスト

解答 p.15

/100点

1 次のア～エで，yがxの関数であるといえるものをすべて選びましょう。(6点)

ア　縦がxm，横が30mの長方形の形をした忍者屋敷(にんじゃやしき)の床の面積ym^2

イ　5kmの道のりを時速$x$kmで走ったときのかかる時間y時間

ウ　ある1日の，昼の時間がx時間だったときの夜の時間y時間

エ　x時間勉強したときのテストの点数y点

2 次の問いに答えましょう。(8点×4)

(1)　分速80mでx分間歩いたときに，進んだ道のりをymとします。

①　yをxの式で表しましょう。

②　7分間歩いたときに，進んだ道のりを求めましょう。

(2)　60L入る空(から)の水そうに毎分xLの割合で水を入れると，満水になるまでにy分かかります。

①　yをxの式で表しましょう。

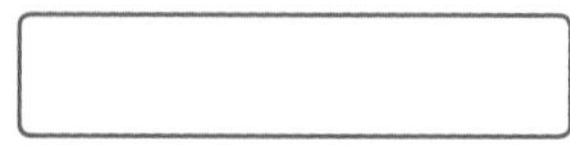

②　毎分6Lの割合で水を入れたとき，満水になるまでにかかった時間を求めましょう。

月　日

3 次のグラフをかきましょう。(8点×4)

ステージ 32 34

(1) $y=2x$

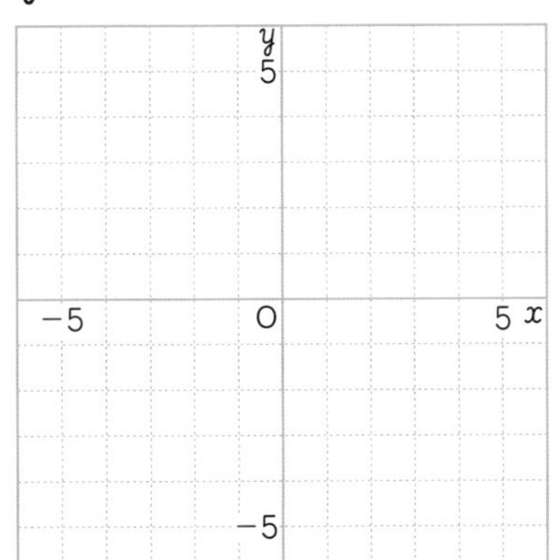

(2) $y=-5x$

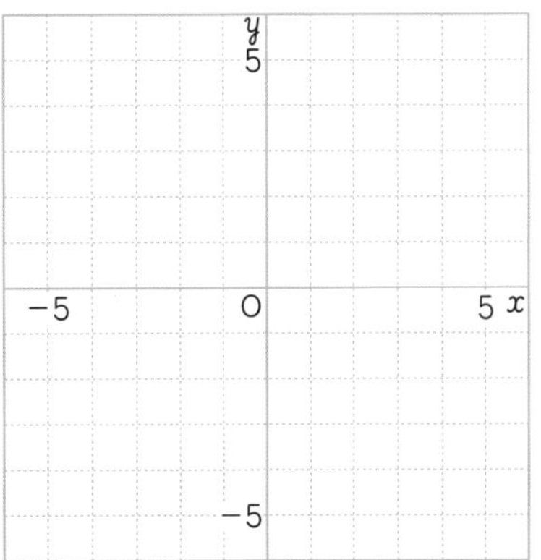

(3) $y=\dfrac{12}{x}$

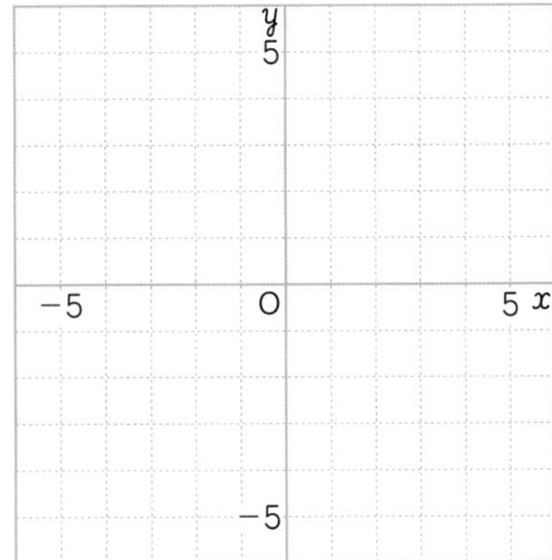

(4) $y=-\dfrac{8}{x}$

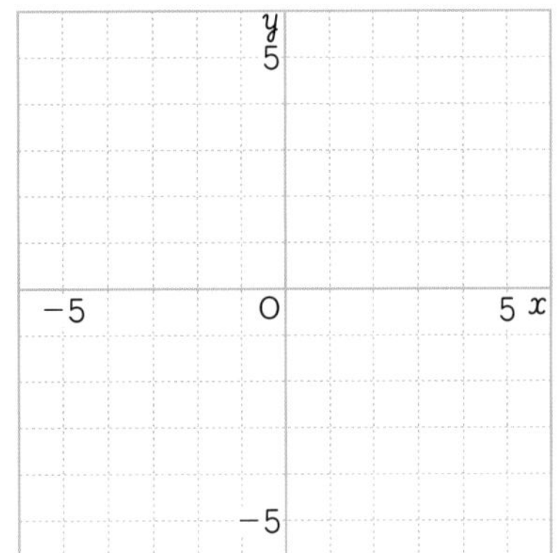

4 次の問いに答えましょう。(10点×3)

(1) yはxに比例し，$x=4$のとき$y=16$です。yをxの式で表しましょう。

(2) yはxに比例し，$x=2$のとき$y=-8$です。yをxの式で表しましょう。

(3) yはxに反比例し，$x=4$のとき$y=4$です。yをxの式で表しましょう。

数魔小太郎からの挑戦状

解答 p.15

問題

革(かわ)の袋(ふくろ)の中に，同じ種類の手裏剣(しゅりけん)がたくさん入っています。手裏剣１枚の重さは50gです。これらの手裏剣を１枚１枚数えずに全体の枚数を知るには，どのような方法があるでしょうか。

答え　手裏剣はすべて同じ種類なので，手裏剣の全体の重さは，手裏剣の枚数に①＿＿＿＿＿＿します。
手裏剣の枚数をx枚，手裏剣全体の重さをygとします。
手裏剣１枚の重さは②＿＿＿gだから，yをxの式で表すと，
③＿＿＿＿＿＿＿となります。
だから，手裏剣を１枚１枚数えなくても，全体の重さをはかることで手裏剣の枚数を知ることができます。

手裏剣全体の重さが1050gだったとき，手裏剣の枚数を求めてみよう！

手裏剣全体の重さはxかな？ yかな？

平面図形

次にねらうは「平面の巻」。

算術で使うのは文字や式ばかりではない。図形をも習得した者こそが算術上忍の名にふさわしい。

まずは平面上の図形を操れてこそ，この世のしくみがわかるというものだ。

面積小道で，「平面の巻」ゲットだぜ！

ステージ 35

図形の表し方

図形の記号や用語をおぼえよう!

角や三角形，垂直(すいちょく)，平行(へいこう)など，よく使うものに関しては，記号を使って表します。

1 記号を使って表す

角は，記号∠を使って表します。 (例)角ABC → ∠ABC
三角形は，記号△を使って表します。 (例)三角形ABC → △ABC
平行な2直線(ちょくせん)は，記号//を使って表します。 (例)ABとCDが平行 → AB//CD
垂直な2直線は，記号⊥を使って表します。 (例)ABとCDが垂直 → AB⊥CD

例 右の図を見て，次の問題に答えましょう。

(1) ㋐の角を記号を使って表しましょう。

角をつくる3点B，A，Cを使って，［∠］BAC

角をつくる点の記号が真ん中

(2) 色をつけた三角形を記号を使って表しましょう。

頂点である3点A，C，Dを使って，［△］ACD

△CDA，△DACなど，順番が変わってもよい

(3) ADとBCの関係を，記号を使って表しましょう。

ADとBCは［平行］だから，AD［//］BC

★平行
2つの直線がどこまでのばしても交わらないとき，平行であるといいます。

(4) ADとCDの関係を，記号を使って表しましょう。

ADとCDは［垂直］だから，AD［⊥］CD

★垂直
2つの直線が交わってできる角が直角のとき，垂直であるといいます。

2 図形を表すことば

・直線…まっすぐにかぎりなくのびる線。
・線分(せんぶん)…まっすぐな，両端(りょうたん)のある線。
・垂線(すいせん)…ある直線に対して，垂直に交わっている直線。
・中点(ちゅうてん)…線分を2等分する点。

解いてみよう！

解答 p.16

1 右の図を見て，次の問題に答えましょう。

(1) ㋐の角を記号を使って表しましょう。
角をつくる３点A，D，Oを使って，

 ADO

(2) 色をつけた三角形を記号を使って表しましょう。
頂点である３点A，B，Oを使って，

 ABO

(3) ABとDCの関係を，記号を使って表しましょう。

ABとDCは □ だから，AB □ DC

(4) ACとBDの関係を，記号を使って表しましょう。

ACとBDは □ だから，AC □ BD

2 右の図を見て，次の問題に答えましょう。

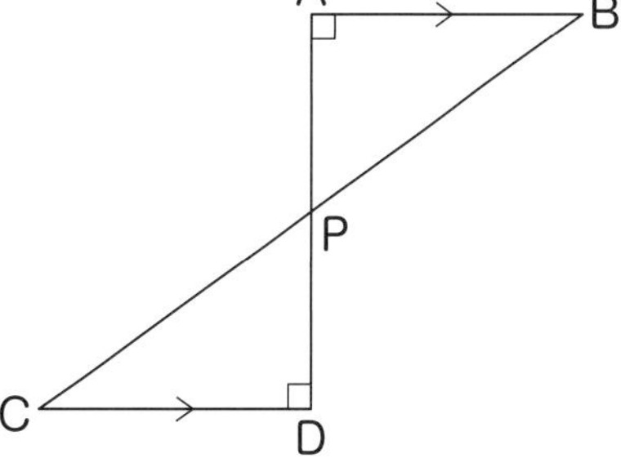

(1) 図の中にある三角形をすべて，記号を使って表しましょう。

(2) 平行な直線の組を，記号を使って表しましょう。

(3) 垂直な直線の組をすべて，記号を使って表しましょう。

これでカンペキ 半直線（はんちょくせん）ってなに？

一方に端があり，もう一方がかぎりなくまっすぐにのびる線を半直線といいます。

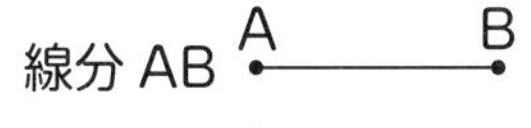

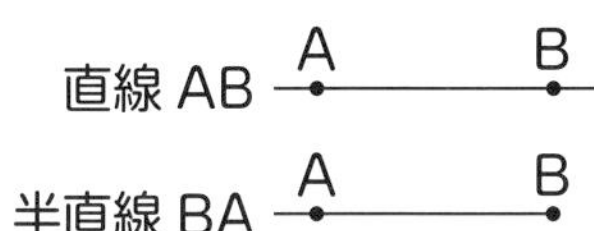

ステージ 36

図形の移動①

平行移動や対称移動を知ろう！

図形を一定の向きに，一定の距離(きょり)だけ動かす移動を平行移動(へいこういどう)といいます。
また，図形をある直線を折り目として折り返す移動を対称移動(たいしょういどう)といいます。

1 平行移動

平行移動では，対応する点どうしを結んでできる線分はすべて平行で，長さが等しくなります。

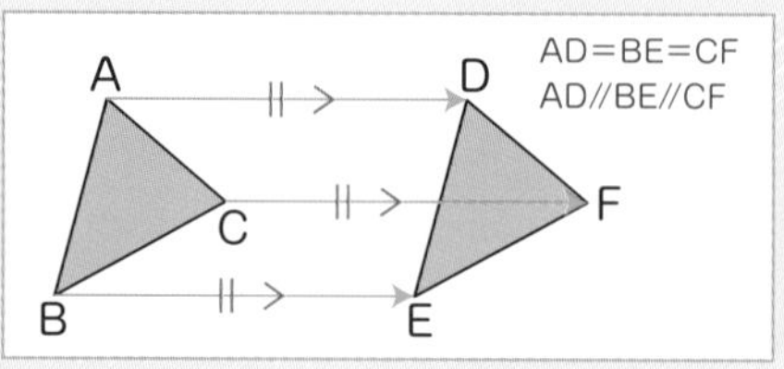

例 右の図で，△ABCを，矢印の向きに矢印の長さだけ平行移動させた△DEFをかきましょう。

1 それぞれの頂点から，矢印と 平行 で，同じ 長さ の矢印をひきます。
2 それぞれの矢印の先を結びます。
3 頂点D，E，Fをかきます。

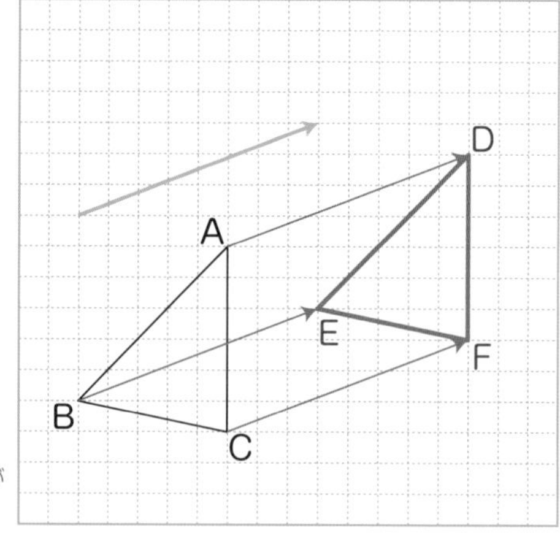

注意 AとD，BとE，CとFが対応しています。

2 対称移動

対称移動で，折り目とした直線を対称の軸(じく)といいます。
右の図では，直線ℓが対称の軸です。

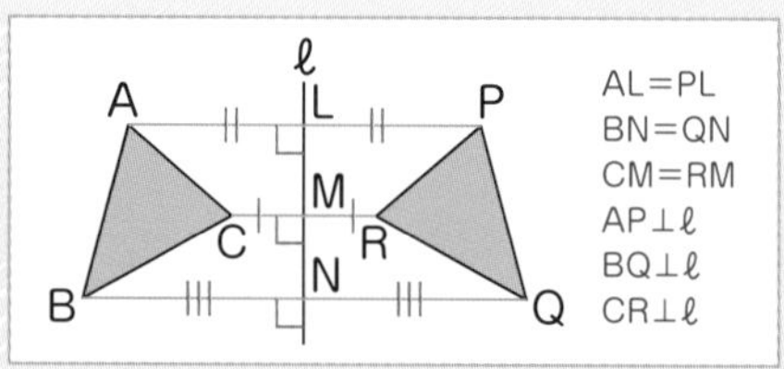

例 右の図で，△PQRを，直線ℓを対称の軸として対称移動させた△STUをかきましょう。

1 それぞれの頂点から，対称の軸と 垂直 な直線をひきます。
2 それぞれの直線上に，対称の軸までの 距離 が等しくなるような点をとります。
3 それぞれの点を結び，三角形をかきます。
4 頂点S，T，Uをかきます。

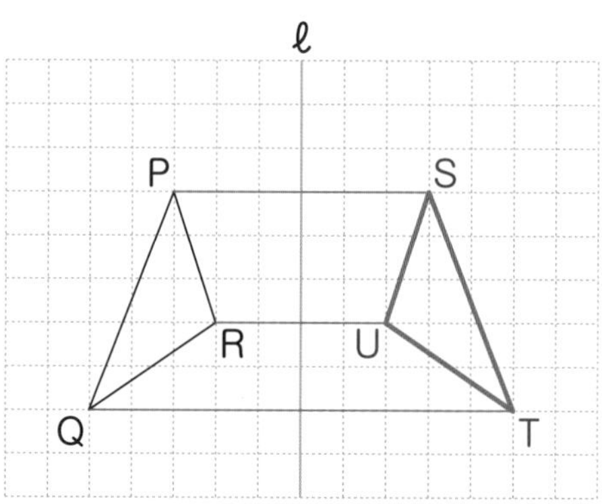

解いてみよう！

解答 p.16

1 次の図で，△ABCを，矢印の向きに矢印の長さだけ平行移動させた△DEFをかきましょう。

(1)

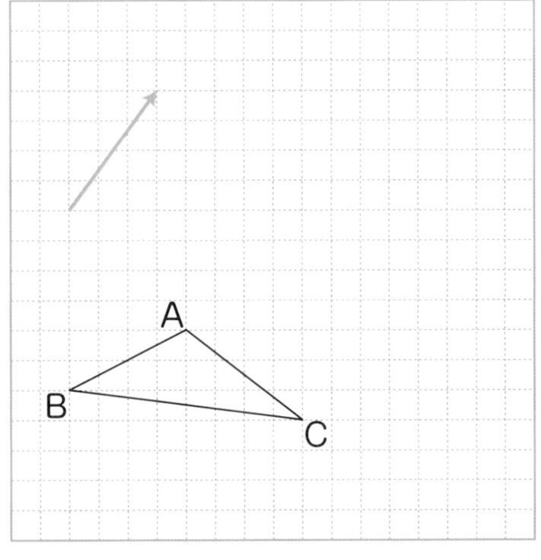

(2)

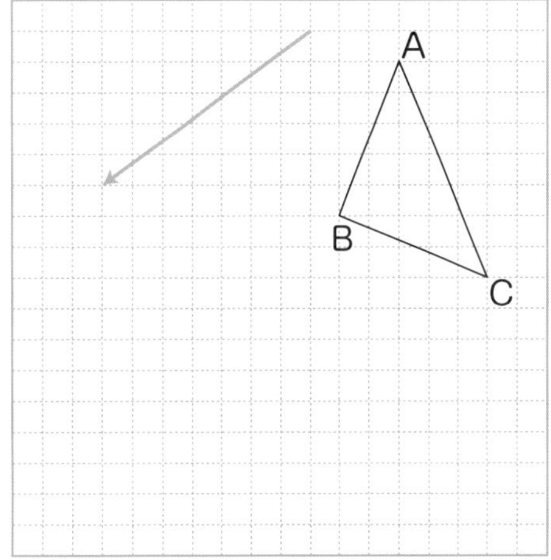

2 次の図で，△PQRを，直線ℓを対称の軸として対称移動させた△STUをかきましょう。

(1)

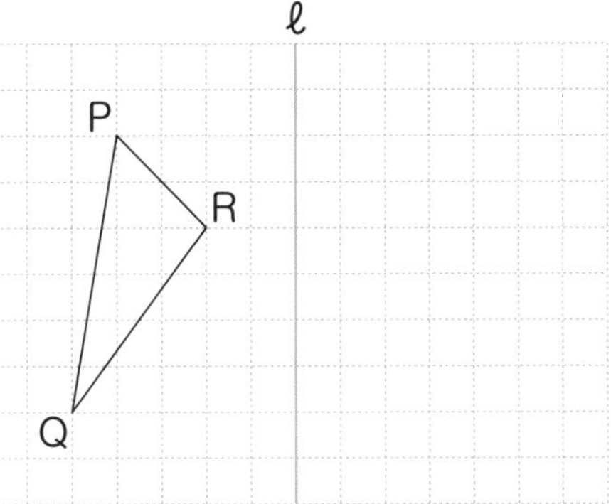

(2)

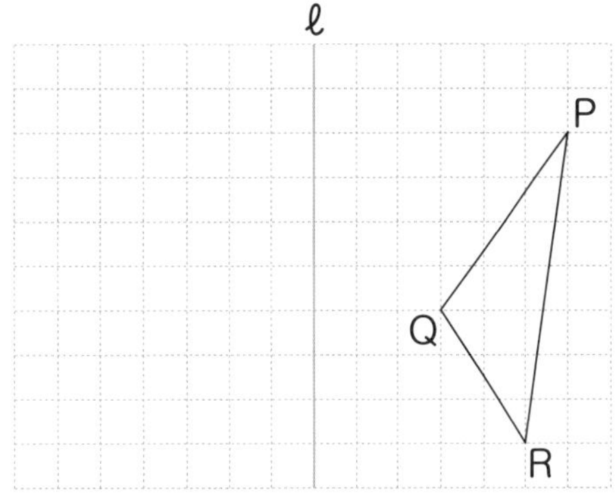

マス目をていねいに数えよう！

これでカンペキ 線対称(せんたいしょう)な図形と対称移動

右の図のように，直線ℓを折り目としてぴったりと重なる図形を線対称な図形といいます。

線対称な図形は，軸の片側の図形と，それを反対側に対称移動した図形をあわせたものとみることができます。

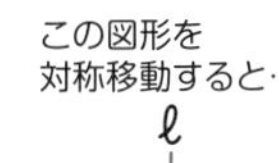

ステージ 37

図形の移動②

回転移動を知ろう！

図形を，ある１点を中心として，一定の角度だけ回転させる移動を回転移動(かいてんいどう)といいます。

1 回転移動

回転移動で，中心とする点を回転の中心(かいてん)といいます。

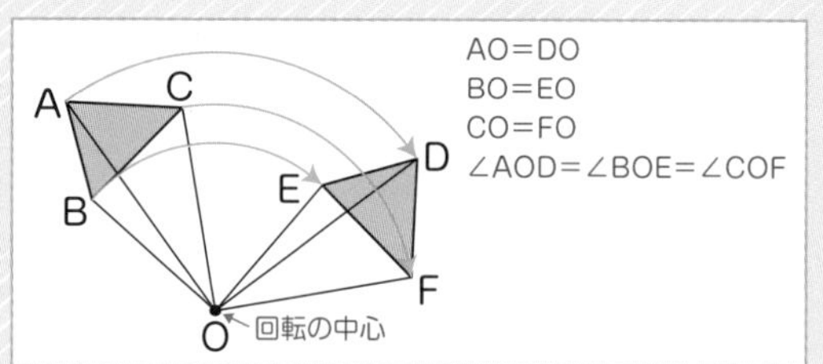

例 右の図で，△ABCを点Oを回転の中心として，矢印の向きに90°回転移動させた△DEFをかきましょう。

1 それぞれの頂点と点Oを結び，その線分を 90 °回転させて，対応する点をみつけます。

2 それぞれの点を結び三角形をかきます。

3 頂点D，E，Fをかきます。

2 移動を使った問題

例 右の図の長方形ABCDについて，点Oを回転の中心として，△AEOを回転移動させて重なる三角形を答えましょう。

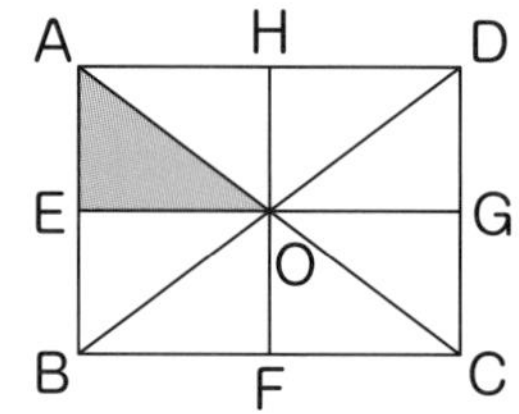

辺OEを基準に考えます。

辺OEを回転させると，下の図のように，点Eは点 G に重なります。

このとき，点Aは点 C に重なります。

よって，重なる三角形は，△ CGO です。

AとC，EとG，OとOが対応しています

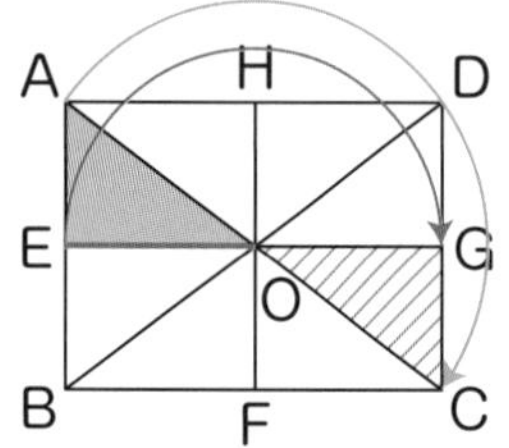

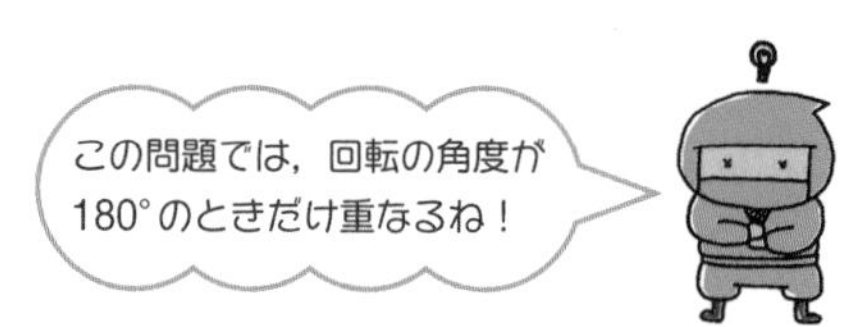

解いてみよう！

解答 p.16

1 次の図で，△ABCを点Oを回転の中心として，矢印の向きに90°回転移動させた△DEFをかきましょう。

(1)

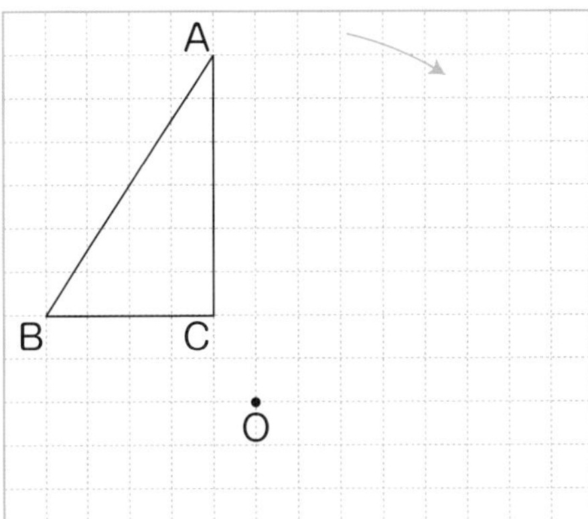

(2)

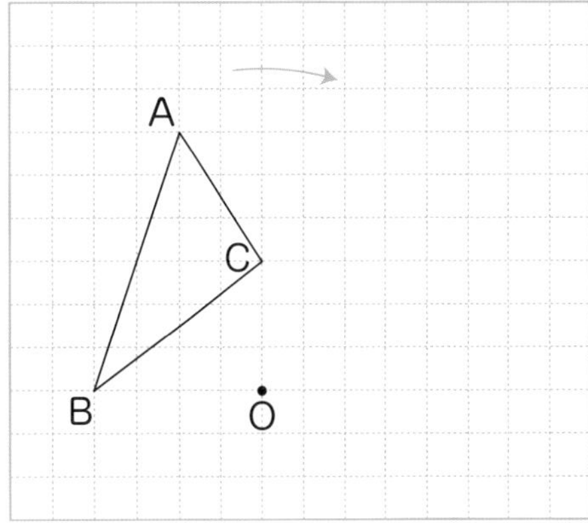

2 右の図の長方形ABCDについて，次の問いに答えましょう。

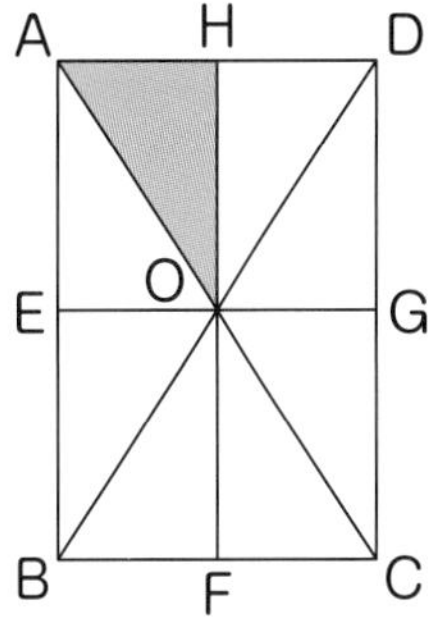

(1) 点Oを回転の中心として，△AOHを回転移動させて重なる三角形を答えましょう。

辺OHを基準に考えます。

辺OHを回転させると，点Hは点［　］に重なります。

このとき，点Aは点［　］に重なります。

よって，重なる三角形は，△［　　］です。

(2) △OBFを回転移動させて重なる三角形を答えましょう。

これでカンペキ　点対称移動（てんたいしょういどう）

右の図の△ABC→△DEFのような180°の回転移動を，点対称移動ともいいます。

右の図では，六角形ABFDECは点対称な図形です。

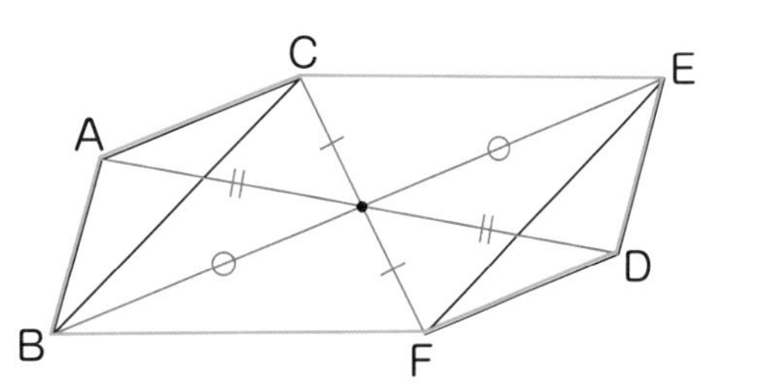

ステージ 38

垂線の作図

垂線の作図を極めよう！

垂線の作図方法には，点が直線上にある場合と，点が直線上にない場合の２種類あります。

1 直線上にある点を通る垂線の作図

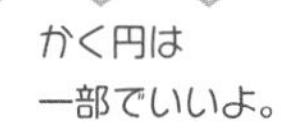

例 直線ℓ上にある点Pを通り，ℓに垂直な直線を作図しましょう。

1 点Pを中心とした円をかき，直線ℓとの交点をA，Bとします。

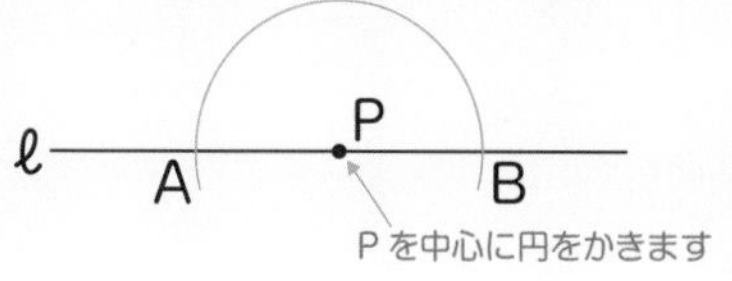

2 点Aを中心に円をかきます。

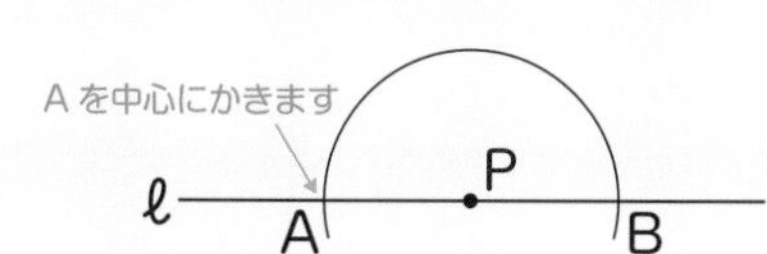

3 点Bを中心に，2と同じ半径の円をかきます。

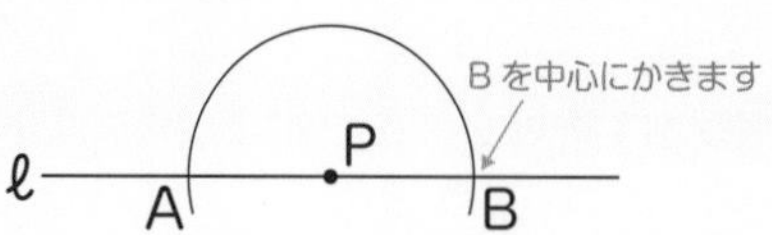

4 3でできた交点と点Pを通る直線をかきます。

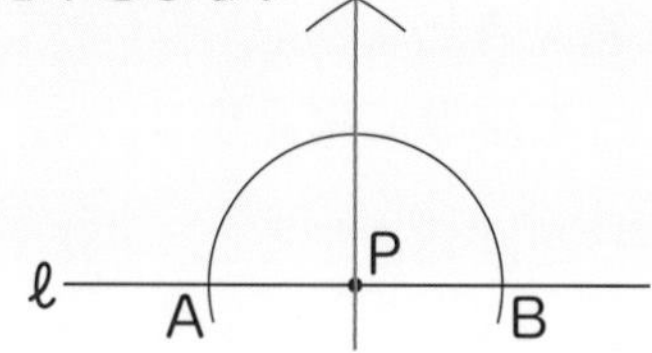

2 直線上にない点を通る垂線の作図

例 直線ℓ上にない点Pを通り，ℓに垂直な直線を作図しましょう。

1 点Pを中心とした円をかき，直線ℓとの交点をA，Bとします。

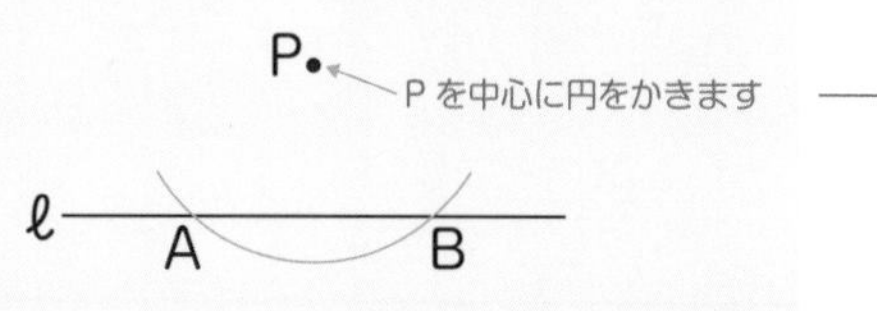

2 点Aを中心に円をかきます。

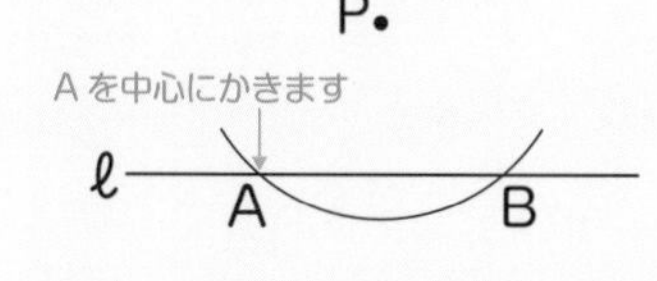

3 点Bを中心に，2と同じ半径の円をかきます。

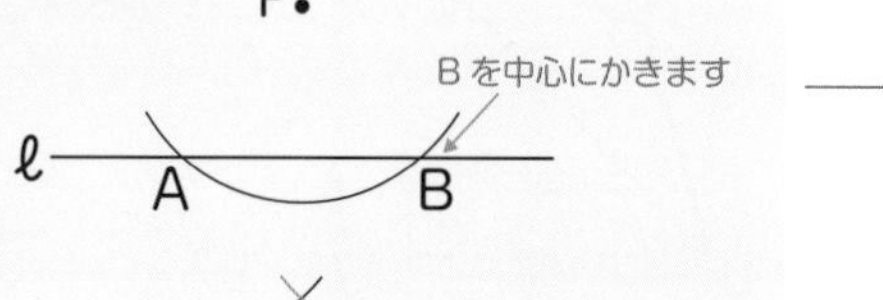

4 3でできた交点と点Pを通る直線をかきます。

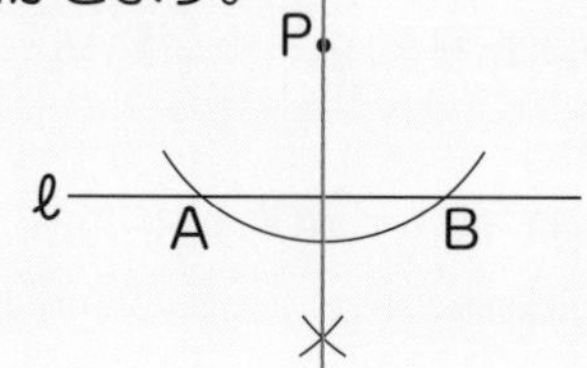

解いてみよう！

解答 p.16

1 直線ℓ上にある点Pを通り，ℓに垂直な直線を作図しましょう。

2 直線ℓ上にない点Pを通り，ℓに垂直な直線を作図しましょう。

P

ℓ

コンパスマスターに，おれはなる！

これでカンペキ　垂線は最短距離（きょり）

直線上にない点と直線との最短距離は，その点を通る直線の垂線を作図すれば求められます。

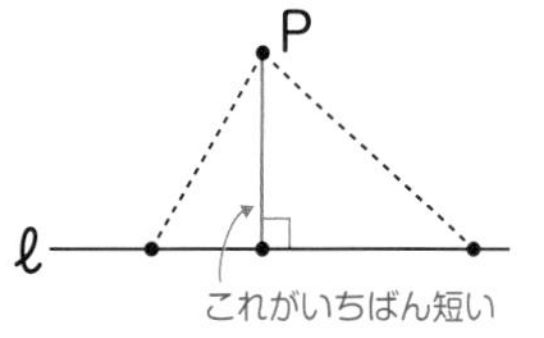

40

ステージ 39

二等分線の作図

垂直二等分線と角の二等分線の作図を極めよう!

線分の中点を通り，その線分と垂直に交わる直線を垂直二等分線(すいちょくにとうぶんせん)といいます。
ある角を2等分する半直線を，その角の二等分線(かくのにとうぶんせん)といいます。

1 垂直二等分線の作図

例 線分ABの垂直二等分線を作図しましょう。

1 点Aを中心とした円をかきます。

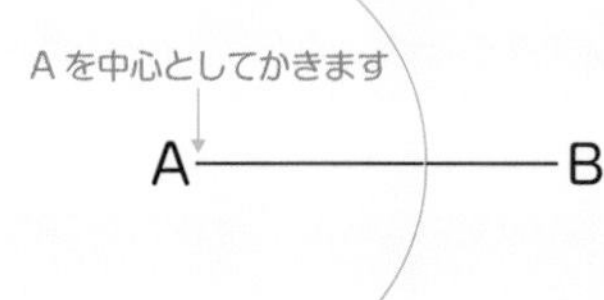

2 点Bを中心に，1と同じ半径の円をかきます。

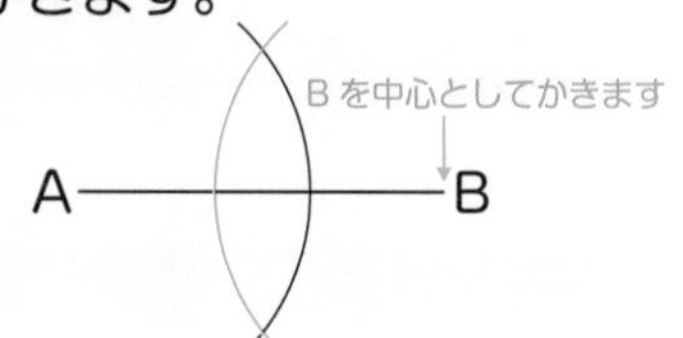

3 2でできた2つの交点を通る直線をかきます。

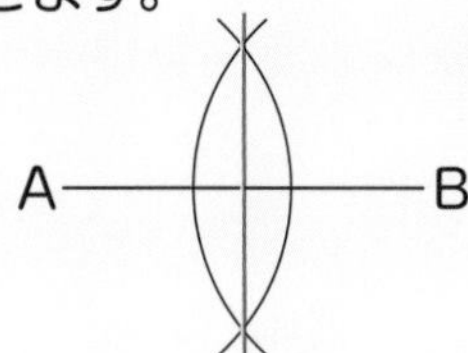

2 角の二等分線の作図

例 ∠AOBの二等分線を作図しましょう。

1 点Oを中心とした円をかき，辺との交点をP，Qとします。

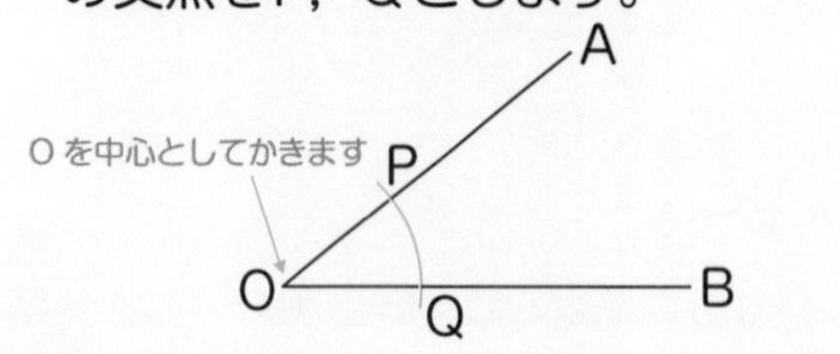

2 点Pを中心に円をかきます。

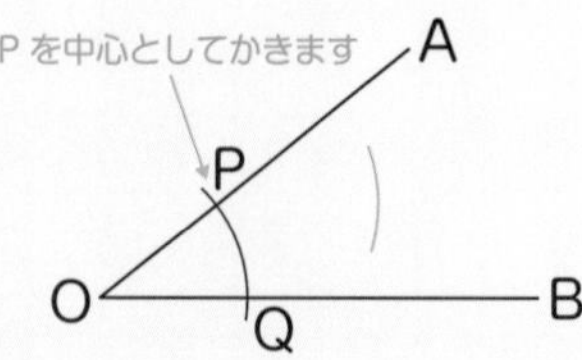

3 点Qを中心に，2と同じ半径の円をかきます。

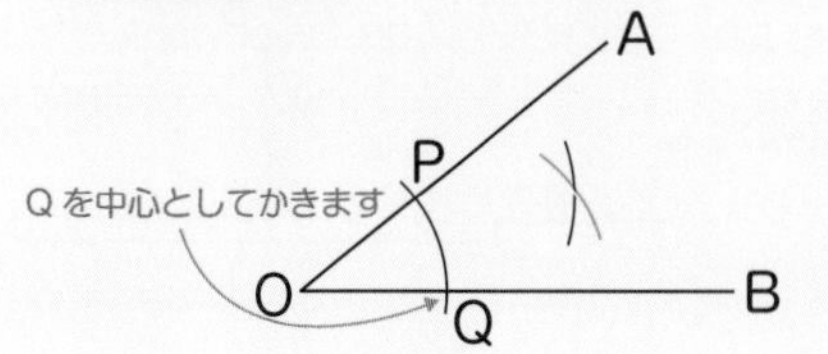

4 点Oから3でできた交点へ半直線をひきます。

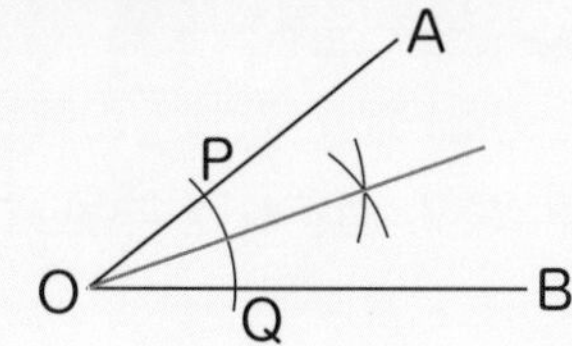

解答 p.17

1 線分ABの垂直二等分線を作図しましょう。

2 ∠AOBの二等分線を作図しましょう。

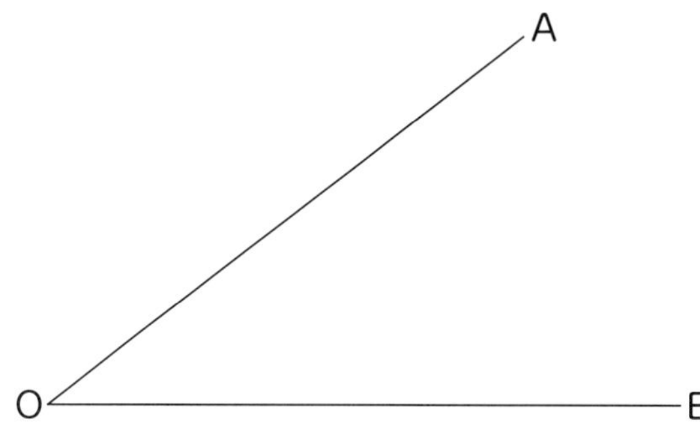

これで カンペキ 垂直二等分線と角の二等分線の性質

1 線分の両端（りょうたん）の点から等しい距離（きょり）にある点は，その線分の垂直二等分線上にあります。

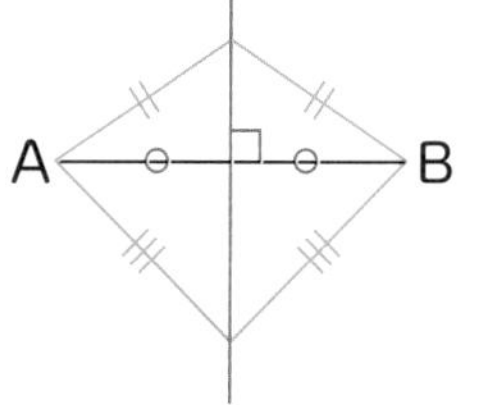

2 角をつくる2辺から等しい距離にある点は，その角の二等分線上にあります。

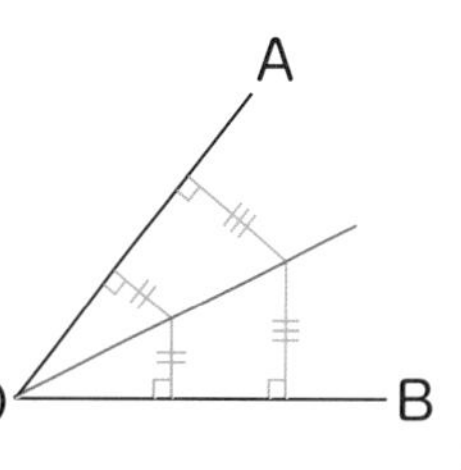

ステージ 40

いろいろな作図

円の接線の性質を知ろう！

円と直線が1点だけで出あうとき，円と直線は接する（せっ）といいます。
この直線を円の接線（せっせん）といい，出あう1点を接点（せってん）といいます。

1 円の接線

円の接線は，接点を通る半径と垂直に交わります。

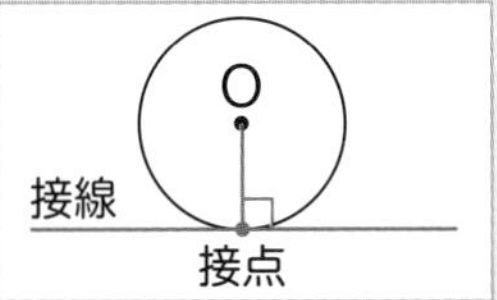

例 **点Pを通る円Oの接線を作図しましょう。**

P
O・

円の接線が，接点を通る半径と 垂直 に交わることを利用します。

↓

直線OPの，点Pを通る 垂線 を作図します。

手順

1 点Oと点Pを通る直線をひきます。
2 点Pを中心に円をかき，直線OPとの交点をA，Bとします。
3 点A，点Bを中心に，半径が同じ円をかきます。
4 点Pと3の交点を通る直線をかきます。

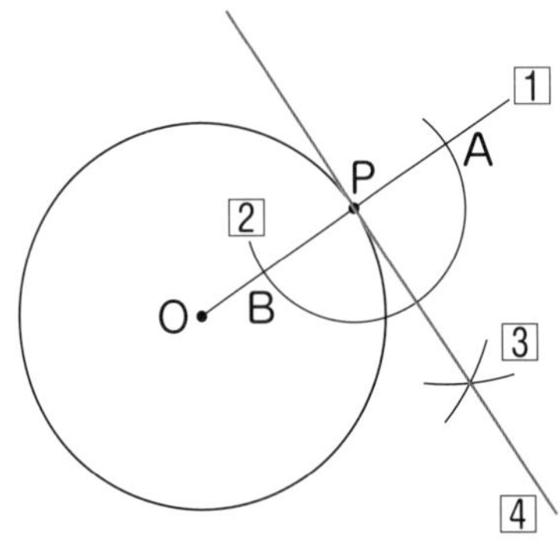

接線といえば垂直，垂直といえば垂線じゃ！
基本の作図がどう使えるかを考えるのがコツじゃぞ。

2 円とおうぎ形

円周上の一部分を弧（こ）といい，弧ABは $\overset{\frown}{AB}$ と表します。また，半径と弧で囲まれた図形をおうぎ形（がた）といいます。
円周上の2点を結ぶ線分を弦（げん）といい，円の中心は弦の垂直二等分線上にあります。

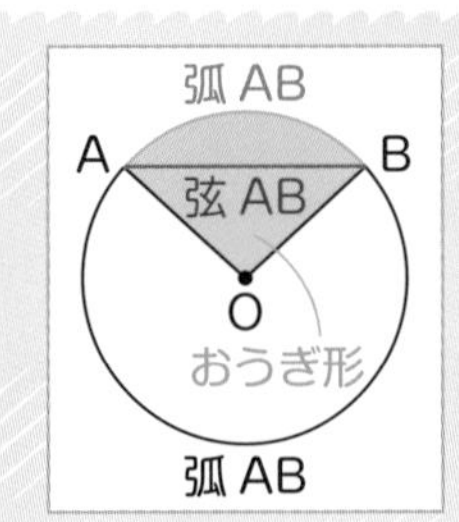

解いてみよう！

解答 p.17

1 点Pを通る円Oの接線を作図しましょう。

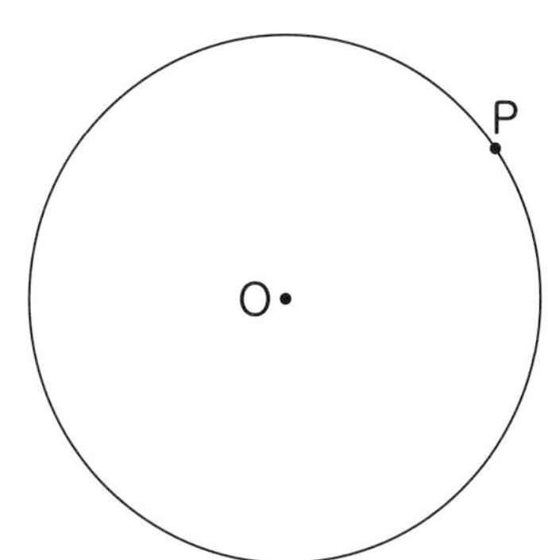

2 次の手順にそって，3点A，B，Cを通る円を作図しましょう。

手順

1 点Aと点B，点Aと点Cとをそれぞれ通る直線をかく。
2 線分ABの垂直二等分線を作図します。
3 線分ACの垂直二等分線を作図します。
4 2と3の交点を円の中心Oとして，半径がOAである円をかきます。

A

B　　C

円の中心が，弦の垂直二等分線上にあることを利用しているんだ。

これでカンペキ　基本の作図を利用しよう

作図の問題では，基本の作図である垂線，垂直二等分線，角の二等分線を利用することがほとんどです。

例えば，45°の角を作図する問題では，まず垂線を作図して90°の角をつくり，90°の角の二等分線を作図すれば，45°の角をつくることができます。

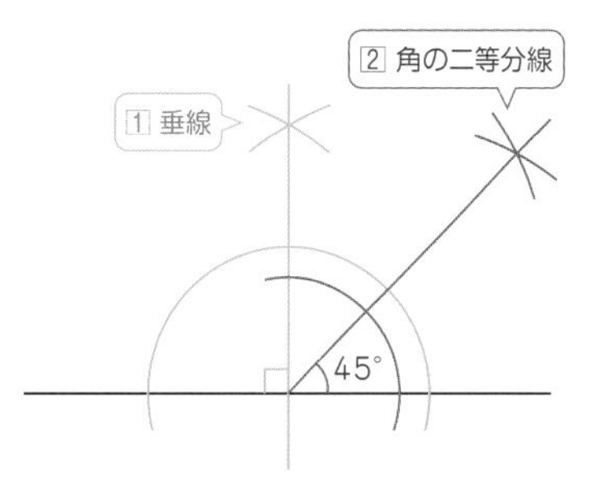

ステージ 41

おうぎ形

おうぎ形の弧の長さや面積を求めよう！

おうぎ形で，2つの半径がつくる角を中心角（ちゅうしんかく）といいます。
1つの円では，弧（こ）の長さや面積は，中心角の大きさに比例（ひれい）します。

1 おうぎ形の弧の長さ

おうぎ形の弧の長さを求める公式

$\ell=2\pi r\times\frac{a}{360}$

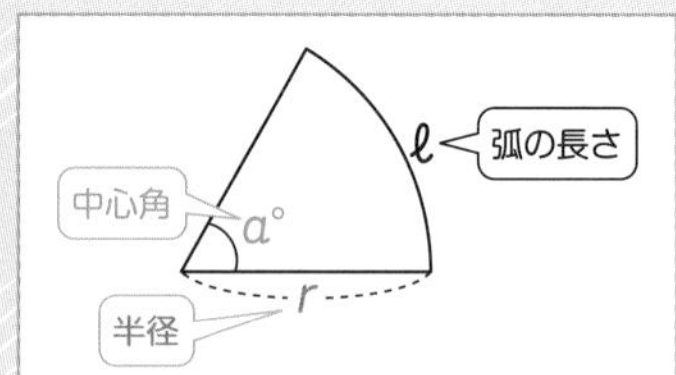

例 右のおうぎ形の弧の長さℓを求めましょう。

公式にあてはめて考えましょう。

$r=$ 12 ，$a=$ 60 だから，

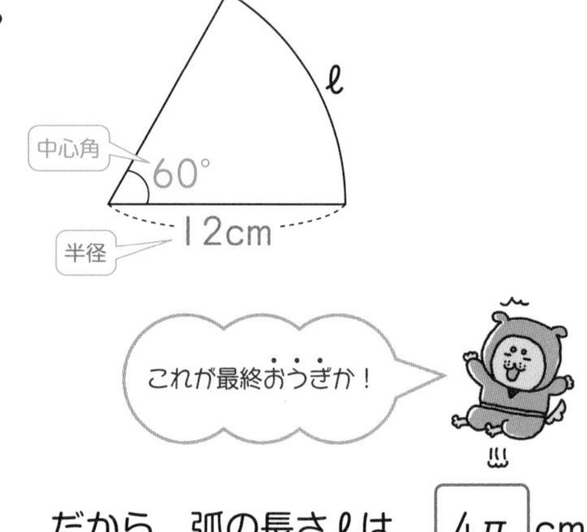

$\ell=2\pi\times$ 12（半径） $\times\frac{60}{360}$（中心角）

$=24\pi\times\frac{1}{6}$（約分）

$=$ 4π

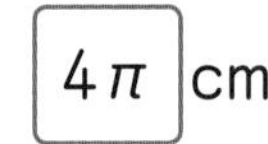

注意
中学校では円周率をπ（パイ）と表します。
答えるときも，πのままでOKです。

だから，弧の長さℓは， 4π cm

2 おうぎ形の面積

おうぎ形の面積を求める公式

$S=\pi r^2\times\frac{a}{360}$

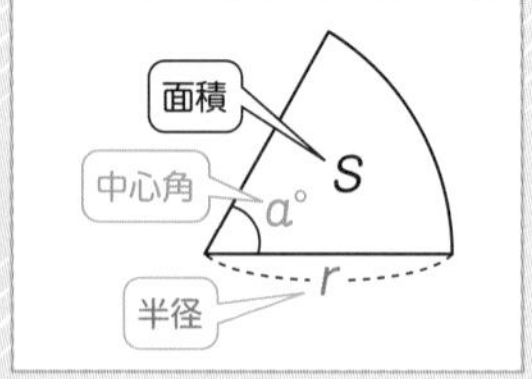

例 右のおうぎ形の面積Sを求めましょう。

公式にあてはめて考えましょう。

$r=$ 12 ，$a=$ 60 だから，

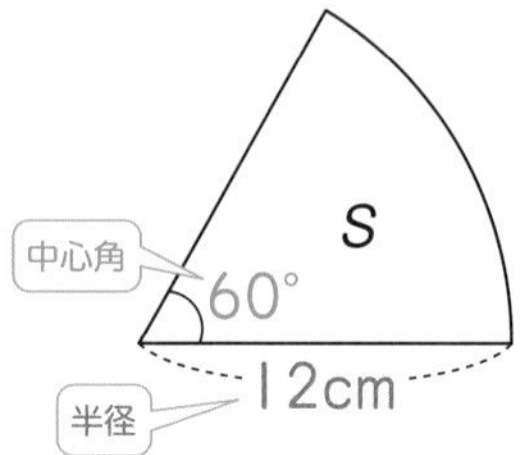

$S=\pi\times$ 12（半径）$^2\times\frac{60}{360}$（中心角）

$=$ 144π $\times\frac{1}{6}=$ 24π

だから，面積Sは， 24π cm^2

解いてみよう！

解答 p.17

1 次のおうぎ形の弧の長さと面積を求めましょう。

(1)

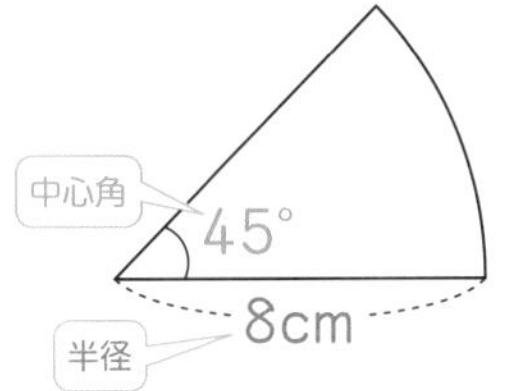

弧の長さ

$r=$ □，$a=$ □ だから，

$\ell=2\pi\times$ □ $\times\dfrac{\square}{360}$

$=16\pi\times\dfrac{1}{8}$

$=$ □

弧の長さは，□ cm

面積

$r=$ □，$a=$ □ だから，

$S=\pi\times$ □$^2\times\dfrac{\square}{360}$

$=$ □ $\times\dfrac{1}{8}=$ □

面積は，□ cm^2

(2)

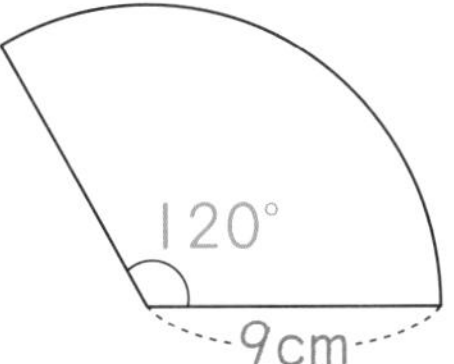

弧の長さ

面積

これで カンペキ　おうぎ形の面積を求めるウラワザ

おうぎ形の弧の長さと半径がわかっているとき，面積は，$S=\dfrac{1}{2}\ell r$ で求められます。

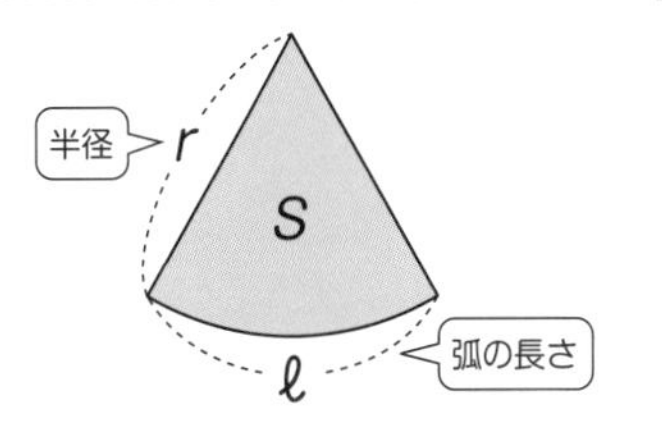

確認テスト

解答 p.18

/100点

1 右の図を見て，次の問いに答えましょう。(7点×4)

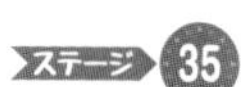

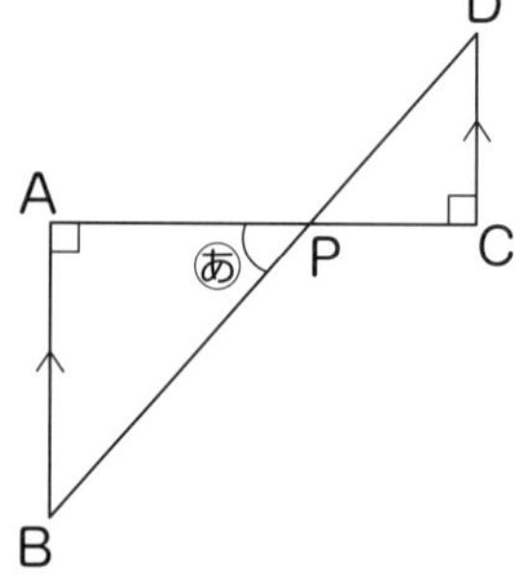

⑴ あの角を記号を使って表しましょう。

⑵ 図の中にある三角形をすべて，記号を使って表しましょう。

⑶ 平行な直線の組を，記号を使って表しましょう。

⑷ 垂直な直線の組をすべて，記号を使って表しましょう。

2 次の三角形をかきましょう。(8点×2)

⑴ 図の三角形を矢印の向きに矢印の長さだけ平行移動させた三角形

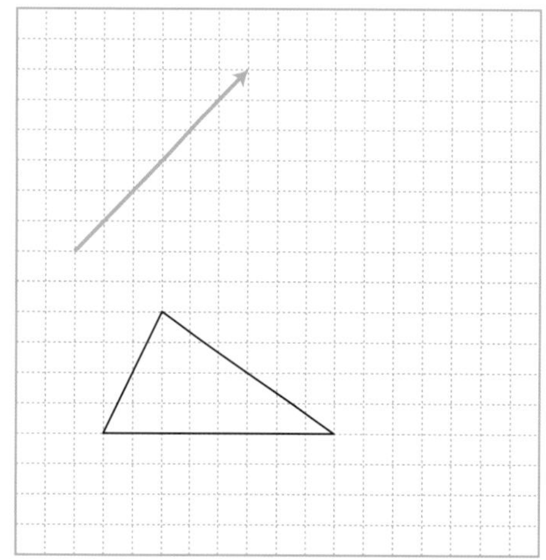

⑵ 図の三角形を直線ℓを軸(じく)として対称(たいしょう)移動(いどう)させた三角形

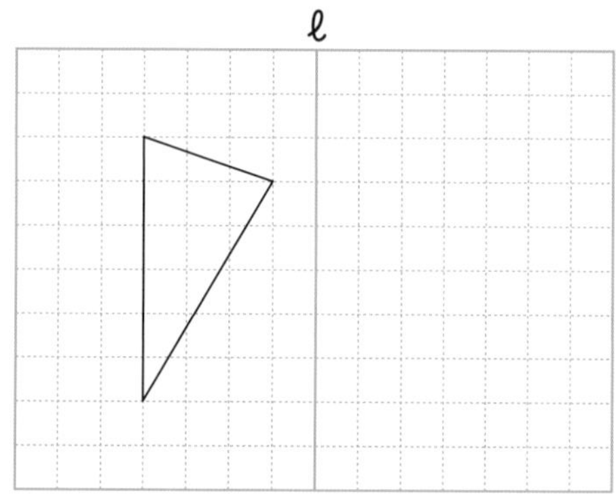

3 図の三角形を，点Oを回転の中心として，矢印の向きに90°だけ回転移動させた三角形をかきましょう。(8点)　ステージ37

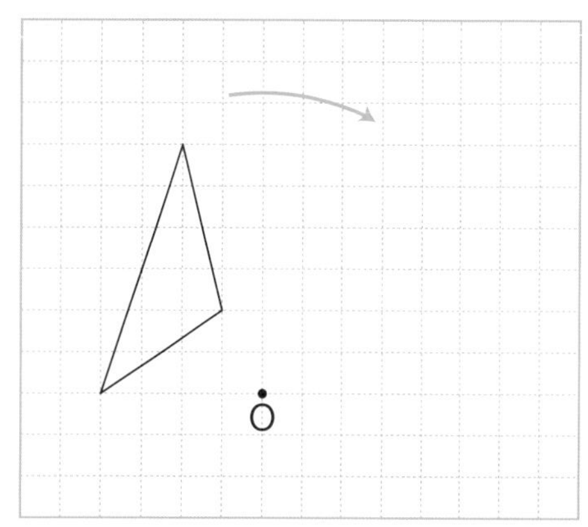

4 次の作図をしましょう。(8点×4)　ステージ38 39

(1) 点Pを通る直線ℓの垂線

(2) 点Pを通る直線ℓの垂線

P

(3) 線分ABの垂直二等分線

A　　　　　　B

(4) ∠AOBの二等分線

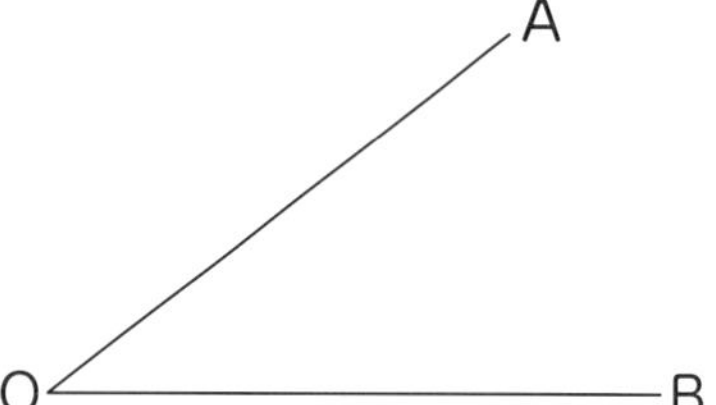

5 次のおうぎ形について答えましょう。(8点×2)

(1) 弧(こ)の長さを求めましょう。

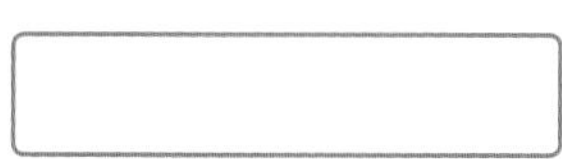

(2) 面積を求めましょう。

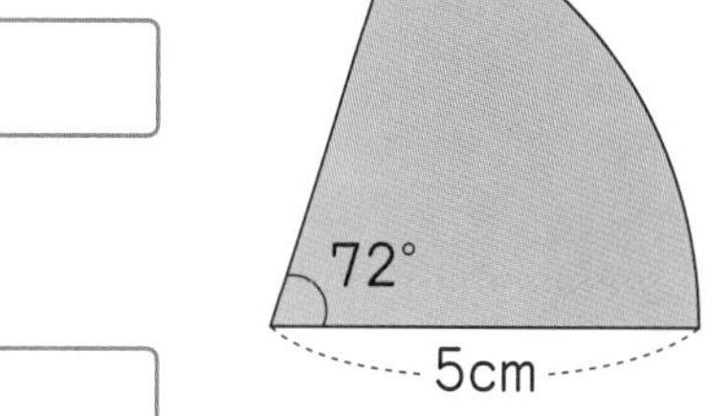

数魔小太郎からの挑戦状

解答 p.18

問題

ステージ41の「これでカンペキ」で学習したとおり，おうぎ形の面積Sは，半径をr，弧（こ）の長さをℓとすると，$S=\frac{1}{2}\ell r$で求められます。このことを説明してみましょう。

答え　おうぎ形の中心角をa°とすると，

おうぎ形の弧の長さは，$\ell=$ ①＿＿＿＿ $\times\frac{a}{360}$

また，おうぎ形の面積の公式は，$S=\pi\times$ ②＿＿＿＿ $\times\frac{a}{360}$

面積の公式を変形すると，

$$S=\pi r^2\times\frac{a}{360}=2\times\frac{1}{2}\times\pi r\times r\times\frac{a}{360}$$

$$=2\times\pi r\times\frac{a}{360}\times\frac{1}{2}\times r$$

$=$ ③＿＿＿＿ $\times\frac{1}{2}\times r$

$$=\frac{1}{2}\ell r$$

だから，$S=\frac{1}{2}\ell r$が成り立ちます。

ちょっと難しいが，挑戦（ちょうせん）じゃ！　$1=2\times\frac{1}{2}$としているのがポイントじゃぞ。

「平面の巻」伝授！

6章 空間図形

次にねらうは「空間の巻」。

この世は空間図形でできている。空間世界を理解し，数々の難関を突破することが，算術上忍への近道だ。

柱と錐の壁をこえた先に，「空間の巻」があるはずだ！ゴーゴー増太郎！ 負けるな増太郎！

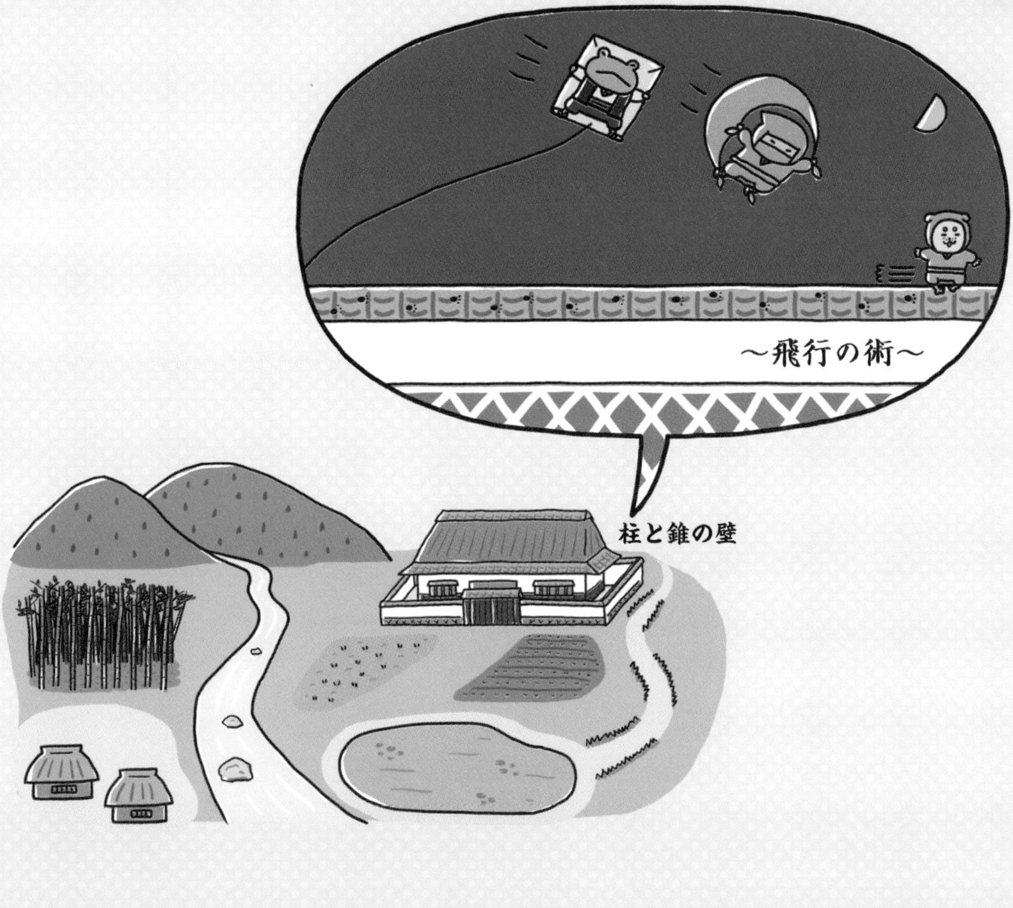

ステージ 42

いろいろな立体

いろいろな立体を知ろう！

平面だけで囲まれた立体を多面体といいます。
多面体は，その面の数によって四面体や五面体などといいます。

1 いろいろな立体

下のような立体を角柱や角錐といいます。角錐は，底面が三角形であれば三角錐，四角形であれば四角錐のように，底面の形でその名前が決まります。

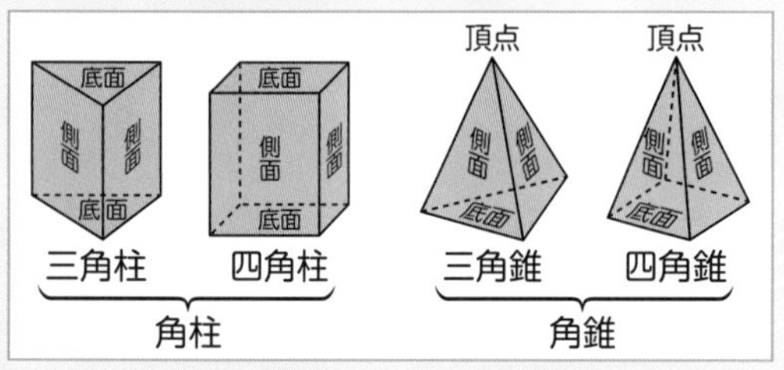

下のような立体を円柱や円錐といいます。円柱，円錐の底面は必ず円です。

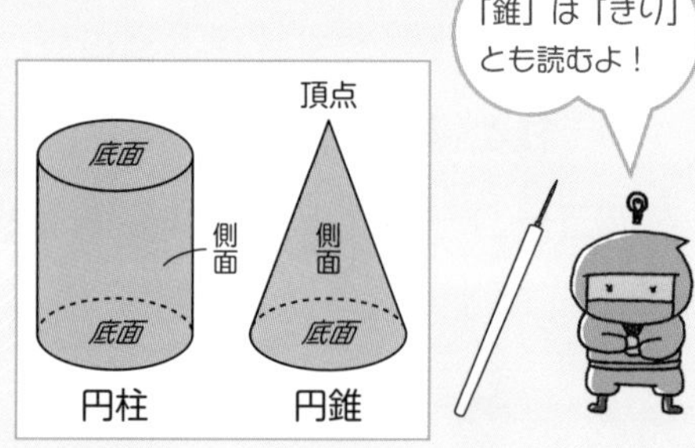

例 次の立体の名前を答えましょう。

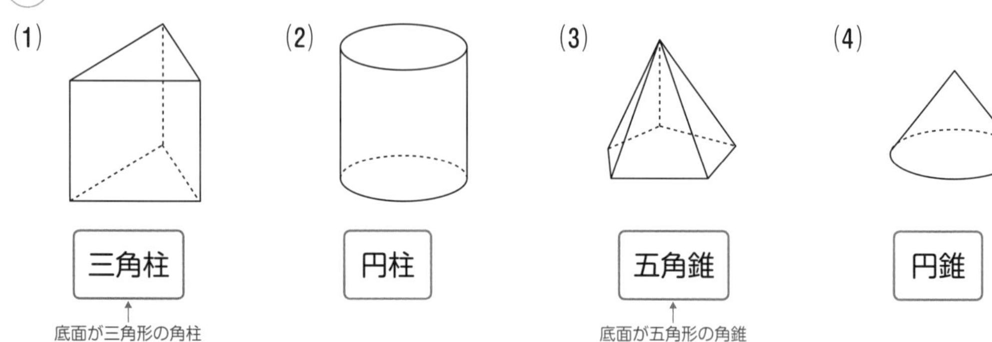

2 正多面体

多面体のうち，すべての面が合同な正多角形で，どの頂点にも面が同じ数だけ集まっている，へこみのないものを，正多面体といいます。
正多面体には，次の5種類があります。

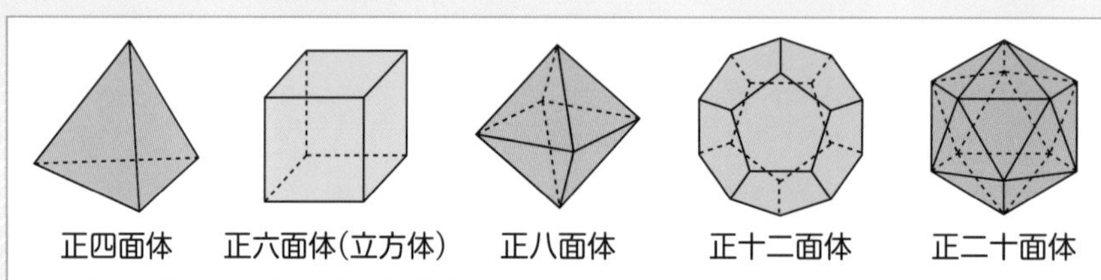

解答 p.19

1 次の立体の名前を答えましょう。

(1)

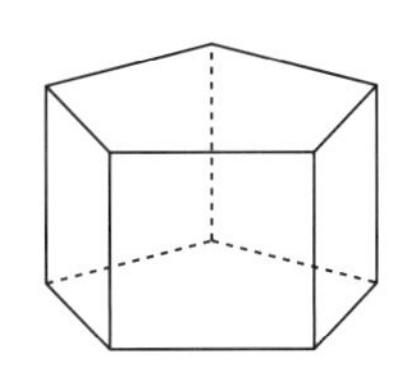

底面が五角形の角柱

(2)

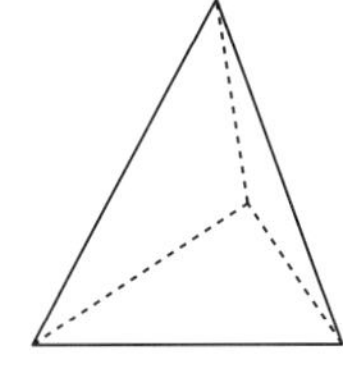

底面が三角形の角錐

(3)

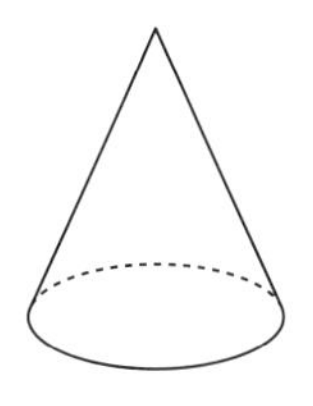

(4)

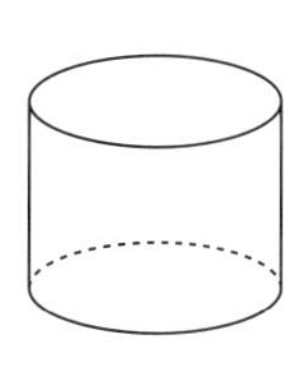

2 右の図を見て，次の表の空らんをうめましょう。

	面の形	面の数	辺の数	頂点の数
正四面体	正三角形		6	4
正六面体	正方形	6		8
正八面体		8	12	6
正十二面体	正五角形	12		20
正二十面体	正三角形	20	30	

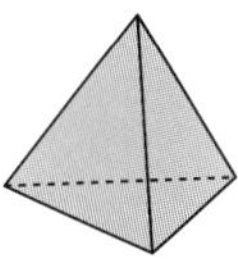

正四面体

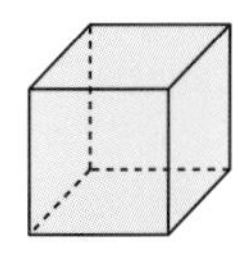

正六面体（立方体）

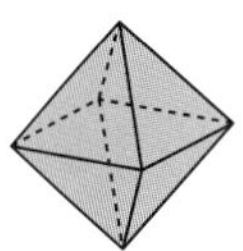

正八面体

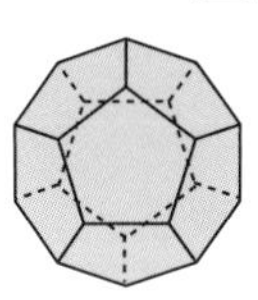

正十二面体

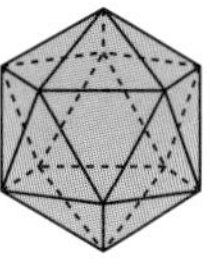

正二十面体

難しい場合は，下の展開図もヒントになるぞよ！

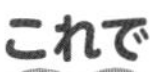

これでカンペキ 正多面体の展開図

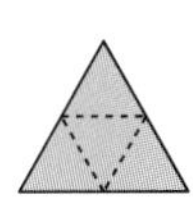

正四面体

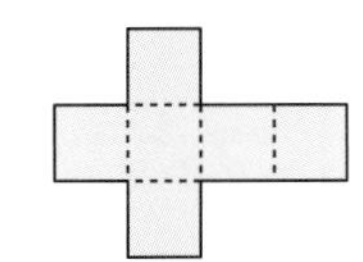

正六面体（立方体）

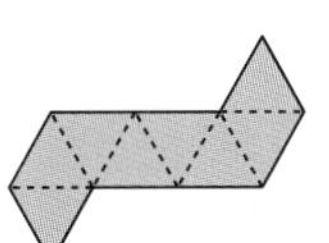

正八面体

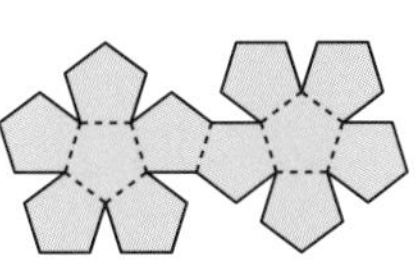

正十二面体

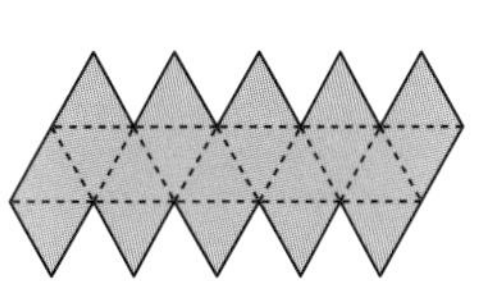

正二十面体

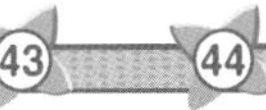

ステージ 43

直線や平面の位置関係

空間内の位置関係を知ろう！

空間内での，平面と平面，平面と直線，直線と直線の3つの組み合わせについて，位置関係をおさえましょう。交わる場合と交わらない場合を分けて考えることが大切です。

1 空間内の位置関係

・平面と平面の位置関係

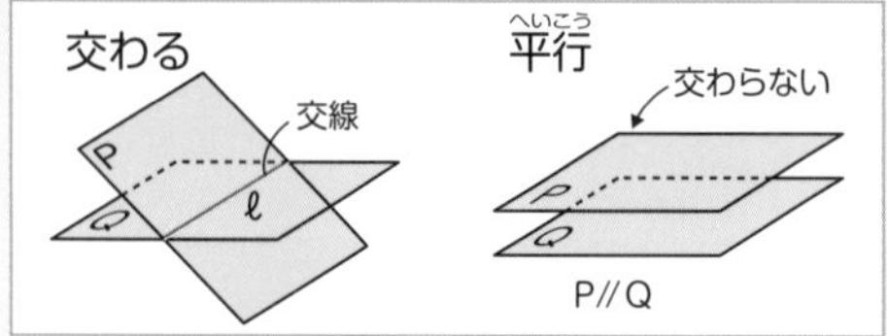

・平面と直線の位置関係

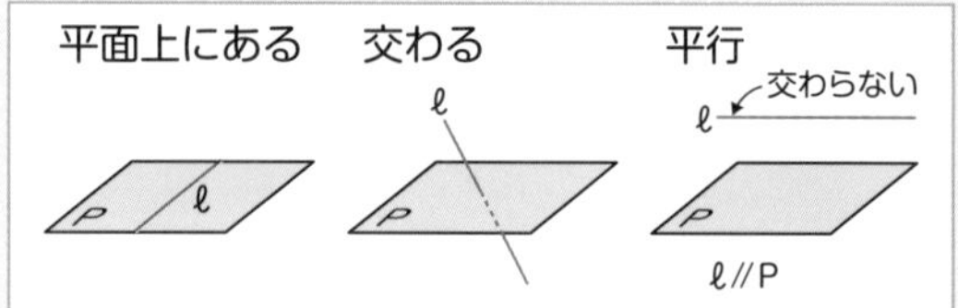

・直線と直線の位置関係

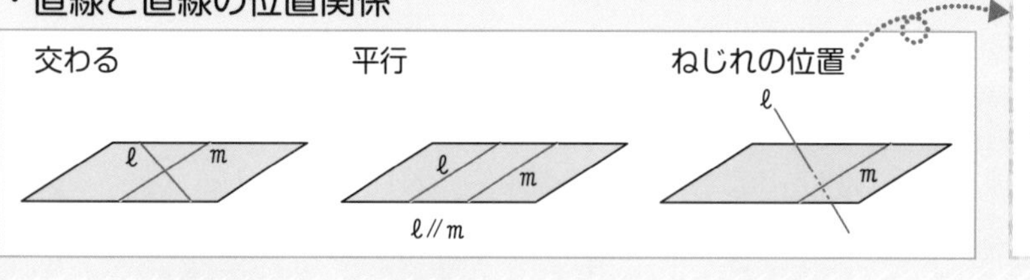

★ねじれの位置
直線どうしが平行でなく，交わりもしない関係のこと。

例 右の直方体を見て，次の辺や面を答えましょう。

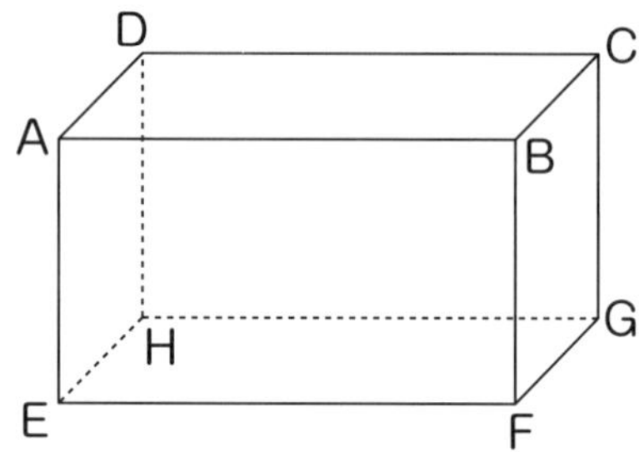

(1) 面ABCDと平行な面

かぎりなく広げても，交わらない2つの平面は平行といえます。

だから，面 EFGH です。

(2) 面ABCDと平行な辺

かぎりなくのばしても，面ABCDと交わらない辺が，面ABCDに平行といえます。

だから，辺 EF ，辺 FG ，辺 GH ，辺 EH です。

(3) 辺ABとねじれの位置にある辺

かぎりなくのばしても，直線ABと交わらず，平行でもない辺が，辺ABとねじれの位置にあるといえます。

だから，辺 CG ，辺 DH ，辺 EH ，辺 FG です。

月　日

解答 p.19

空間図形

1 右の直方体を見て，次の辺や面を答えましょう。

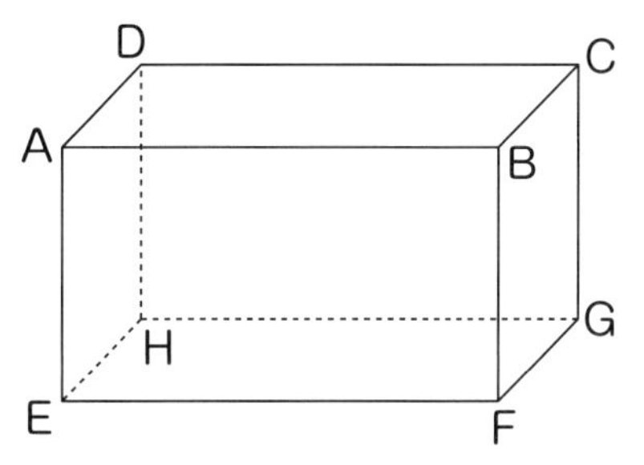

(1) 面AEHDと平行な面

(2) 面AEHDと平行な辺

(3) 辺ADとねじれの位置にある辺

(4) 辺BCと平行な辺

平行やねじれの位置にある辺を探すとき，まずは，交わっている辺を除いて考えるのじゃ。

これでカンペキ　辺はのばして考える

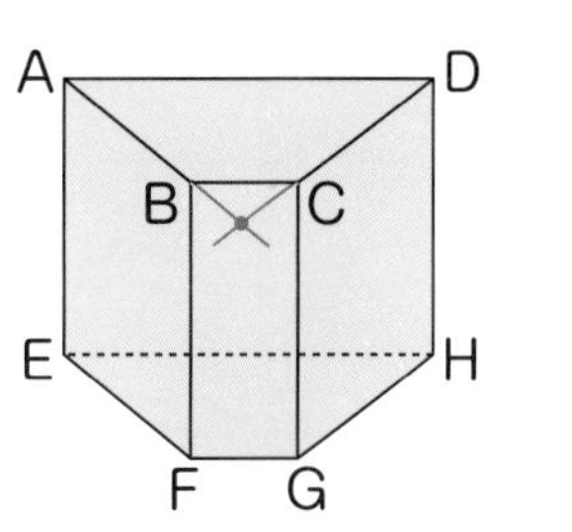

右のような四角柱では，辺ABと辺CDは交わっていませんが，それぞれを直線と考えて，図のようにのばすと，交わります。

このような場合も辺ABと辺CDの位置関係は「交わる」といえます。

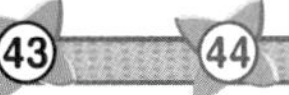

ステージ 44

動く面のつくる立体

面が動いてできる立体を考えよう！

面を，その面と垂直（すいちょく）な方向に移動させたり，回転させることで立体図形ができます。

1 面を垂直方向に移動する

右の図のように，面をその面と垂直な方向に，一定の距離（きょり）だけ移動させると，動いたあとに角柱や円柱ができます。

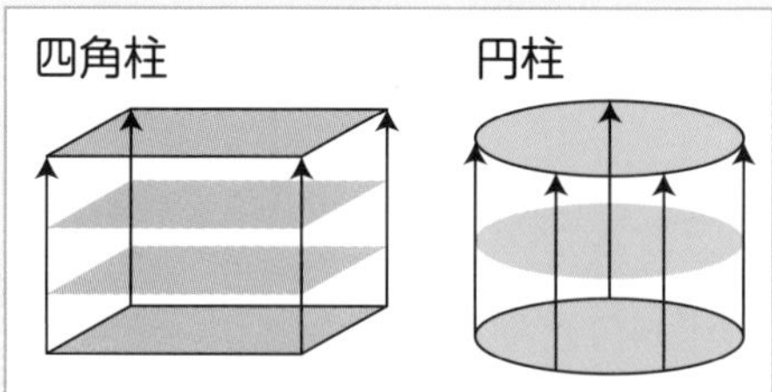

例 三角形を，その面と垂直な方向に，一定の距離だけ移動させたときにできる立体の名前を答えましょう。

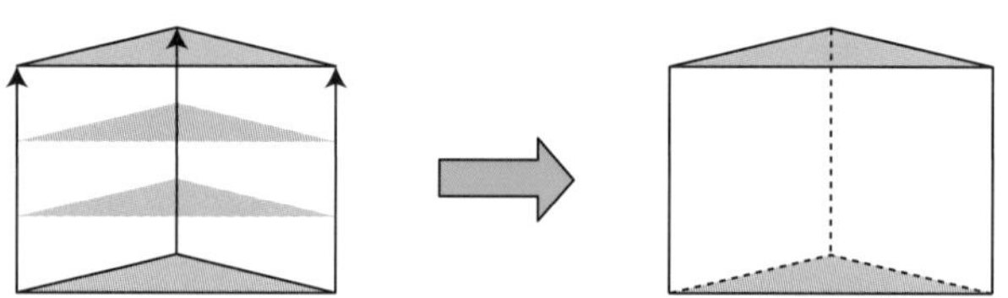

上の図より，できる立体は 三角柱 です。

2 面を回転させる

右の図のように，面を回転させると，円柱や円錐（えんすい）ができます。このとき，側面をえがく辺を，円柱や円錐の母線（ぼせん）といいます。

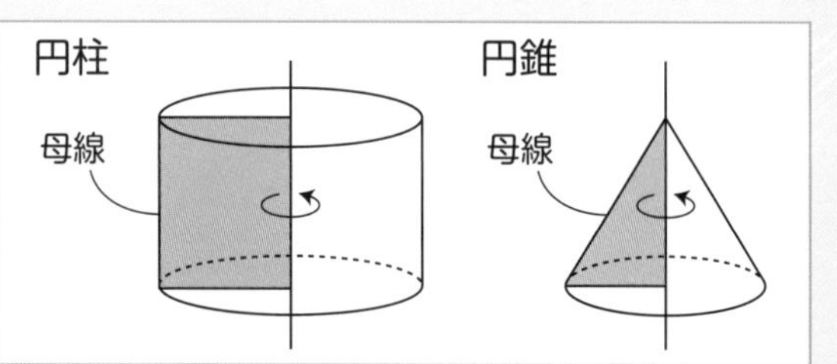

例 右の図の直角三角形ABCを，直線ℓを軸（じく）として１回転させたときにできる立体の名前を答えましょう。

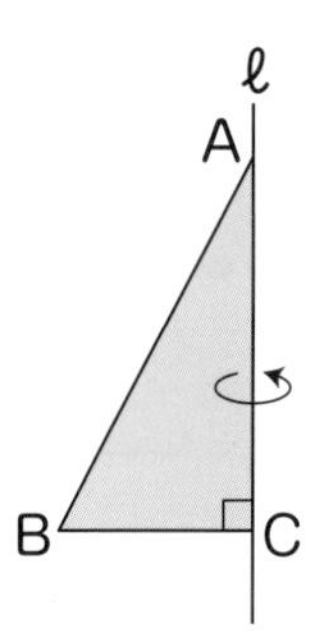

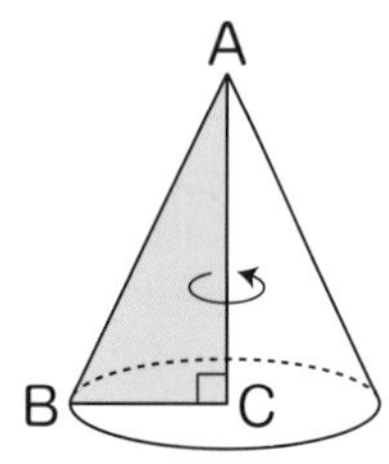

左の図より，できる立体は 円錐 です。

この円錐での母線は，辺 AB です。

解いてみよう！

解答 p.19

1 次の図形を，その面と垂直な方向に，一定の距離だけ移動させたときにできる立体の名前を答えましょう。

⑴ 四角形

できる立体は，です。

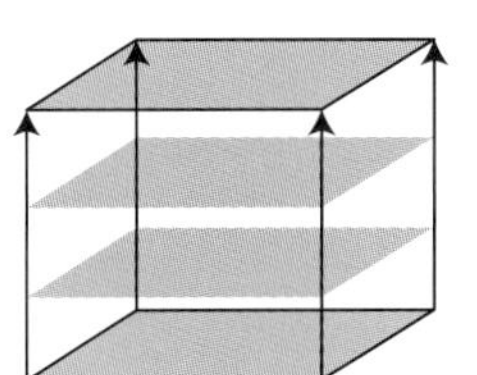

⑵ 五角形

できる立体は，　　　　です。

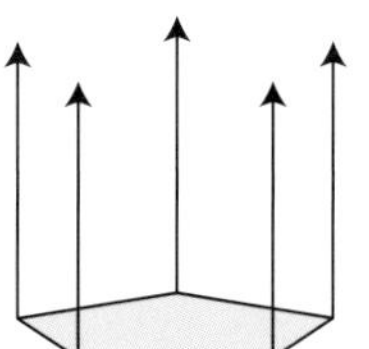

2 次の図形を，直線ℓを軸として1回転させたときにできる立体の名前を答えましょう。

⑴ 長方形

できる立体は，です。

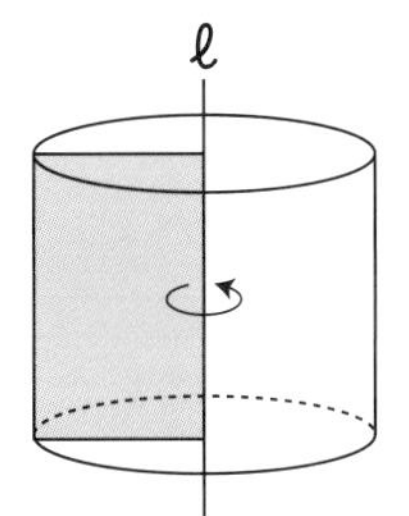

⑵ 半円

できる立体は，　　　　です。

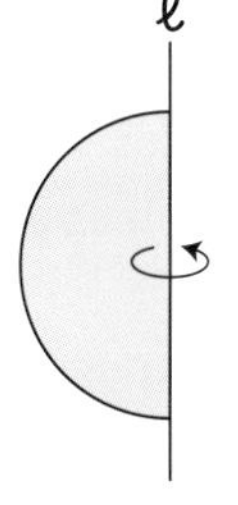

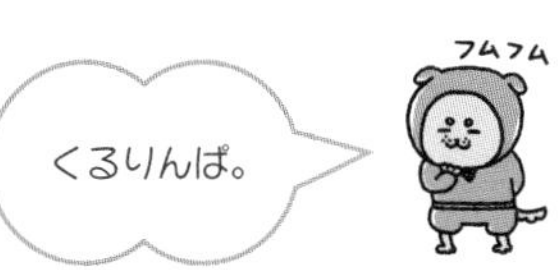

これでカンペキ 回転の軸が図形から離(はな)れると？

回転の軸が図形と離れた場合，どのような図形ができるでしょうか。

例えば右の図で考えると，離れた部分には円柱の形の空どうができます。

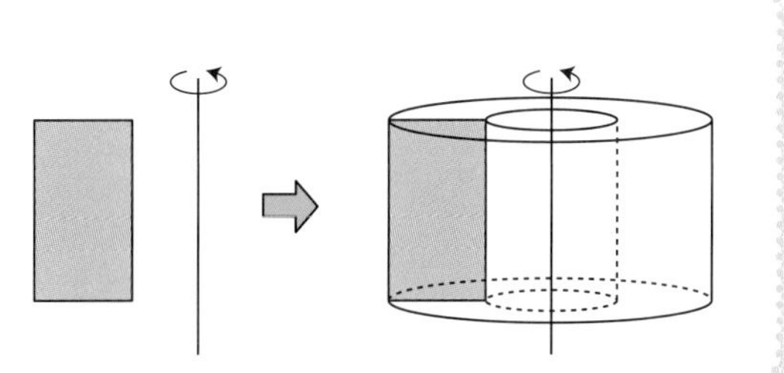

ステージ 45

立体の展開図，立体の投影図

立体をいろいろな見方で見よう！

立体を，ある方向から見たときに見える平面で表した図を，投影図（とうえいず）といいます。

1 展開図

右の図のように，立体を切り開いて平面上に広げた図を展開図といいます。

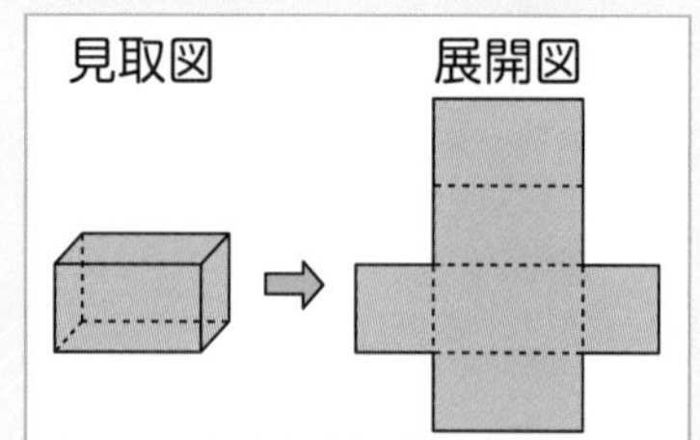

例 次の展開図で表される立体の名前を答えましょう。

(1)

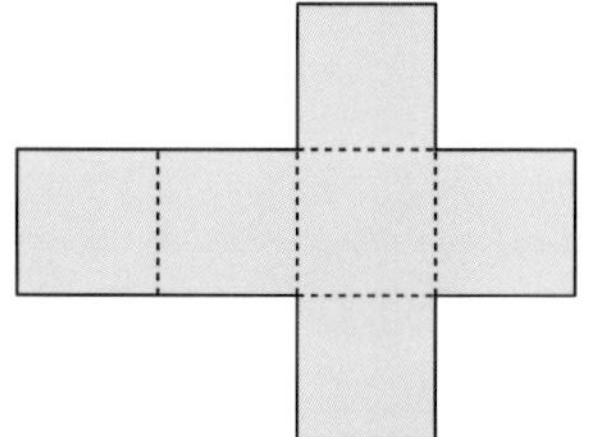

すべての面が正方形である立体なので，立方体です。

(2)

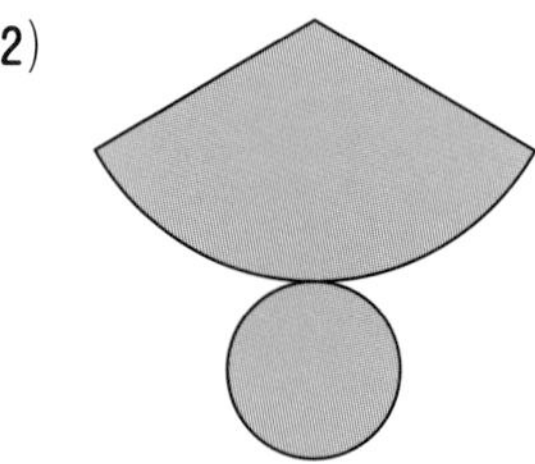

側面がおうぎ形（がた），底面が円なので，円錐（えんすい）です。

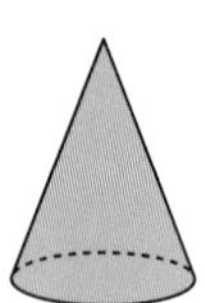

2 投影図

投影図は，真上から見た図である平面図と正面から見た図である立面図を使って表します。

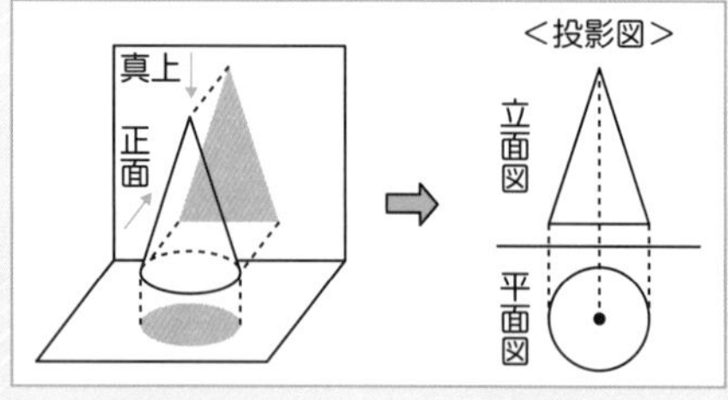

例 次の投影図で表される立体の名前を答えましょう。

(1)

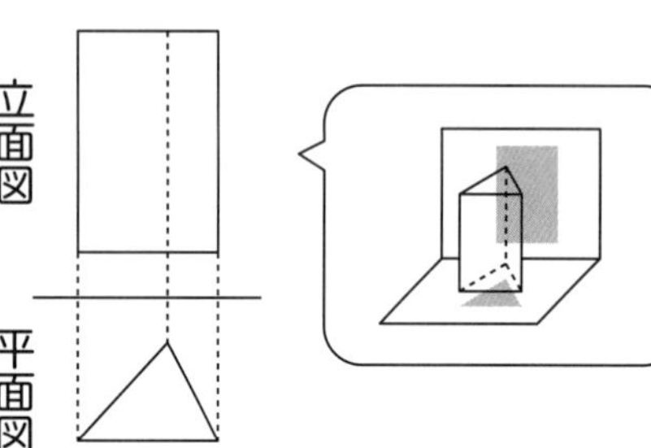

三角柱

(2)

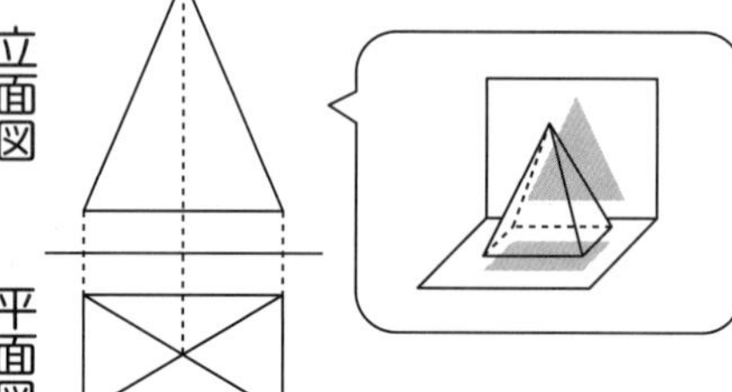

四角錐

解答 p.19

1 次の展開図で表される立体の名前を答えましょう。

(1)

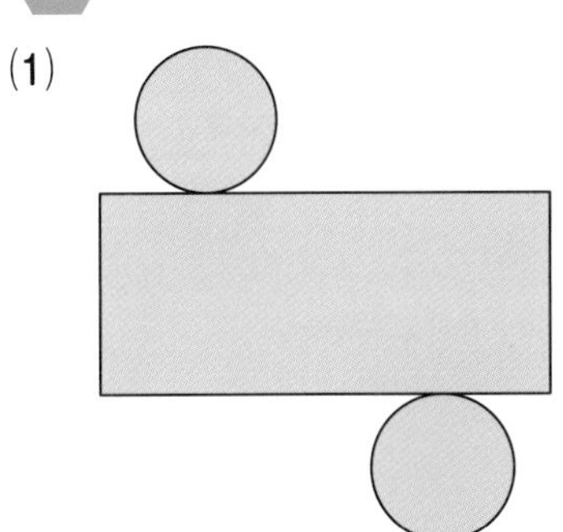

側面が長方形，底面が円なので，

［　　　］です。

(2)

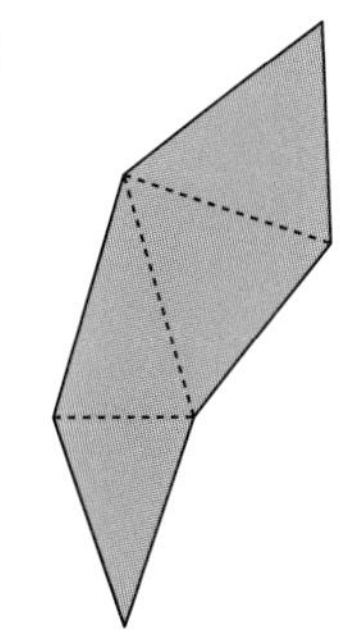

側面も底面もすべて三角形なので，

［　　　］です。

2 次の投影図で表される立体の名前を答えましょう。

(1)

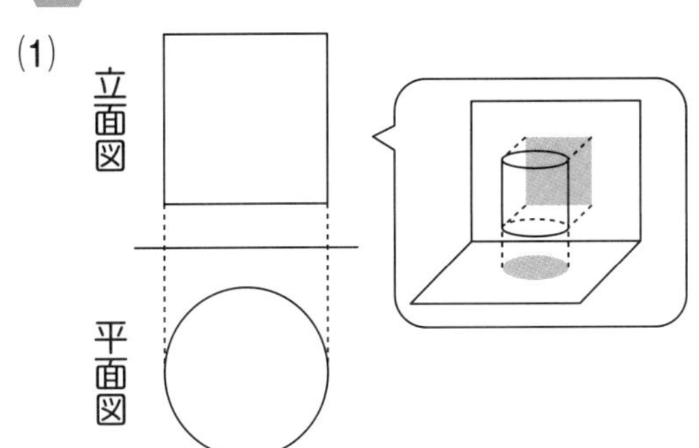

［　　　］

(2)

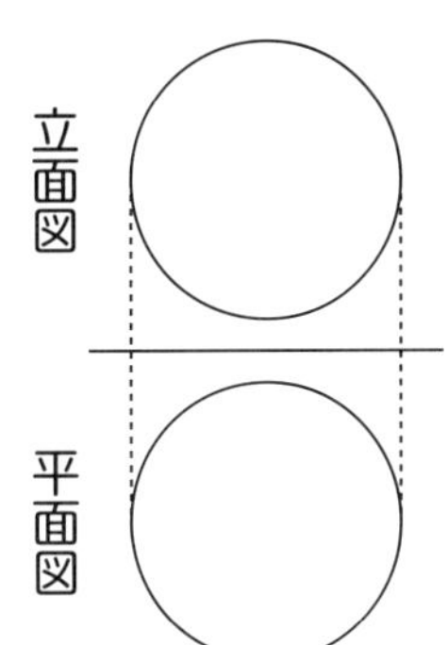

［　　　］

これで **カンペキ** 展開図は1つじゃない

立体によっては，切り開き方で，展開図がいくつかできることもあります。

例えば，立方体の展開図は，回転したり，裏返したりして重なるものを除くと，右の図のように11通りあります。

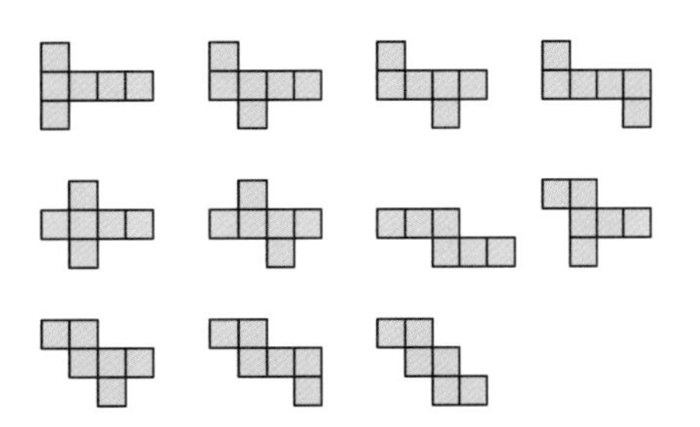

ステージ 46

柱の表面積

角柱や円柱の表面積を求めよう！

立体のすべての面の面積の和を表面積（ひょうめんせき）といいます。
また，側面全体の面積の和を側面積（そくめんせき），１つの底面の面積を底面積（ていめんせき）といいます。

1 角柱の表面積

角柱の表面積は，(側面積)＋(底面積)×2で求められます。

例 次の三角柱の表面積を求めましょう。

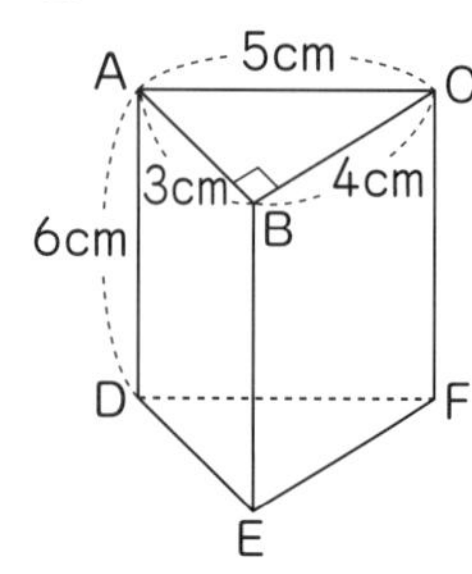

この三角柱の展開図は，
右の図のようになります。

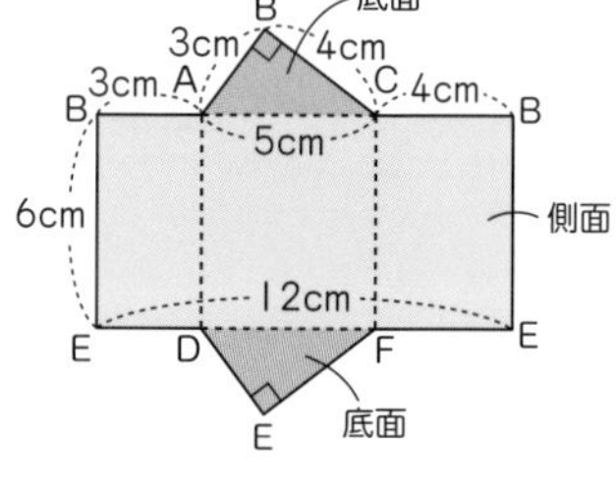

底面積は，$\frac{1}{2}\times 3\times 4=$ 6 (cm^2)

側面は長方形で，縦が6cm，

横が3＋5＋4＝ 12 (cm)

だから，側面積は，6×12＝ 72 (cm^2)

表面積は，72（側面積）＋ 6（底面積）×2＝72＋12＝ 84 (cm^2)

2 円柱の表面積

円柱の表面積は，(側面積)＋(底面積)×2で求められます。円柱の側面の長方形の横の長さは，底面の円の円周と同じ長さになります。

同じ長さ

例 次の円柱の表面積を求めましょう。

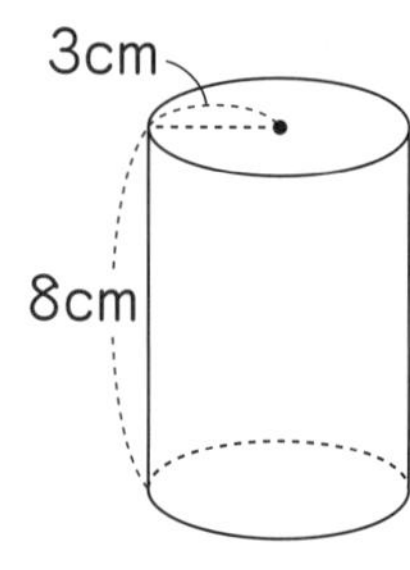

この円柱の展開図は，
右の図のようになります。

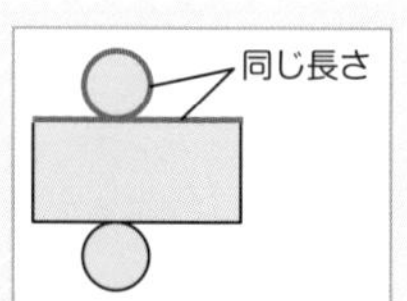

底面積は，$\pi\times 3^2=$ 9π (cm^2)

側面は長方形で，縦が8cm，

横が底面の円の円周と等しいから，$2\pi\times 3=$ 6π (cm)

だから，側面積は，8× 6π ＝ 48π (cm^2)

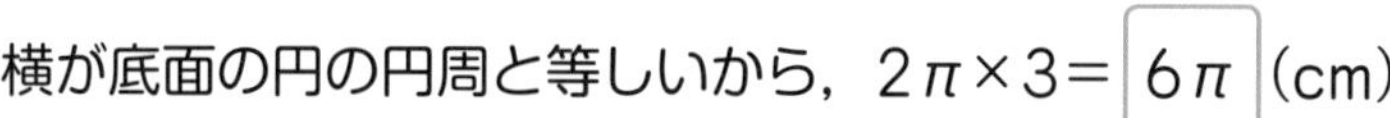

表面積は，48π（側面積）＋ 9π（底面積）×2＝$48\pi+18\pi$＝ 66π (cm^2)

↑ πのままで答えます

解答 p.20

1 次の三角柱の表面積を求めましょう。

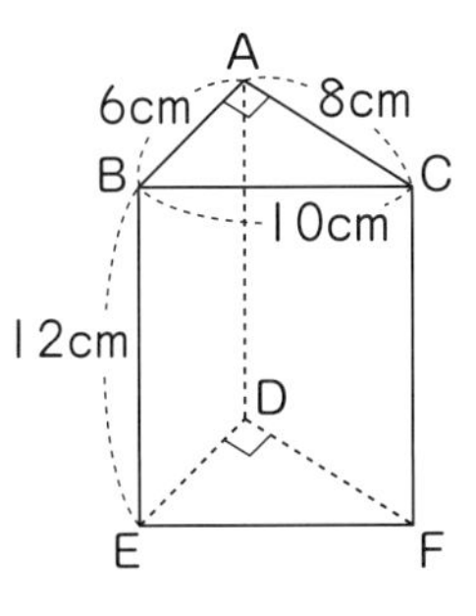

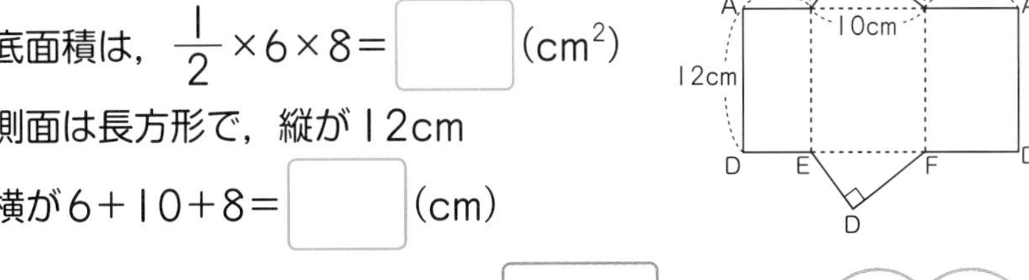

底面積は，$\frac{1}{2}\times6\times8=$ □ (cm^2)

側面は長方形で，縦が12cm

横が$6+10+8=$ □ (cm)

だから，側面積は，$12\times24=$ □ (cm^2)

表面積は，□ ＋ □ $\times2=288+48=$ □ (cm^2)

（側面積）　（底面積）

2 次の円柱の表面積を求めましょう。

(1)

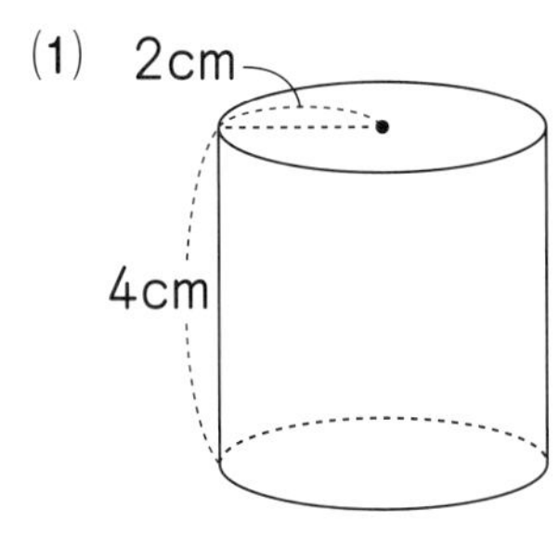

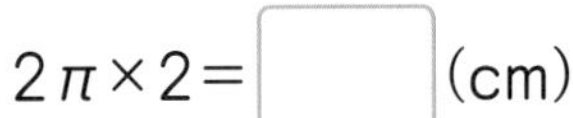

2cm
同じ長さ
4cm

底面積は，$\pi\times2^2=$ □ (cm^2)

側面は長方形で，縦が4cm，

横が底面の円の円周と等しいから，

$2\pi\times2=$ □ (cm)

だから，側面積は，$4\times$ □ $=$ □ (cm^2)

表面積は，□ ＋ □ $\times2=16\pi+8\pi=$ □ (cm^2)

（側面積）　（底面積）

(2)

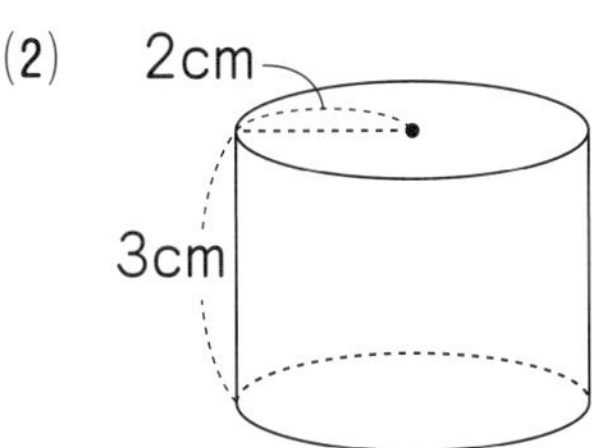

ステージ 47

錐の表面積

円錐の表面積を求めよう！

1 円錐の表面積

円錐(えんすい)の表面積は，（側面積）＋（底面積）で求められます。

例 右の円錐の表面積を求めましょう。

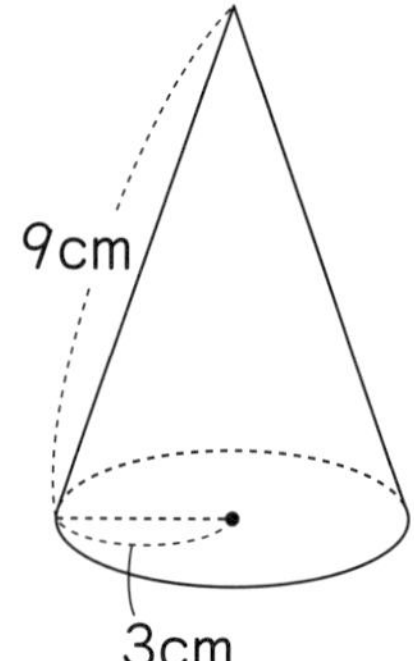

底面積

半径3cmの円だから，$\pi \times 3^2 =$ 9π (cm²)

側面積

円錐の側面の展開図は，おうぎ形になります。

このおうぎ形が，もとの円の何分の何の大きさかを求めます。

★便利技

円錐の側面積は，もとの円の面積の$\dfrac{(\text{底面の円の半径})}{(\text{円錐の母線の長さ})}$倍！

この円錐の側面積は，半径9cmの円の面積の，$\dfrac{3}{9} = \dfrac{1}{3}$(倍)です。（3：底面の半径，9：母線の長さ）

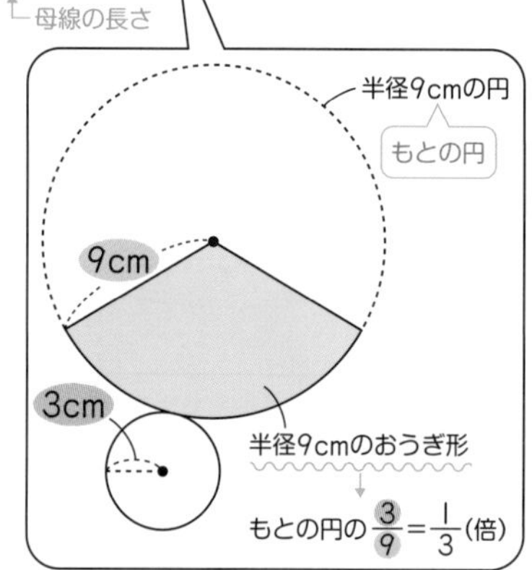

だから，側面積は，$\pi \times 9^2 \times \dfrac{1}{3} =$ 27π (cm²)

表面積は，27π（側面積）＋ 9π（底面積）＝ 36π (cm²)

★円錐の表面積
（側面積）＋（底面積）

底面積のたしわすれに注意！

ここが表面積の最難関じゃ！
$\dfrac{(\text{底面の半径})}{(\text{円錐の母線})}$ をおぼえておけばできるぞよ！

解答 p.20

1 次の円錐の表面積を求めましょう。

(1)

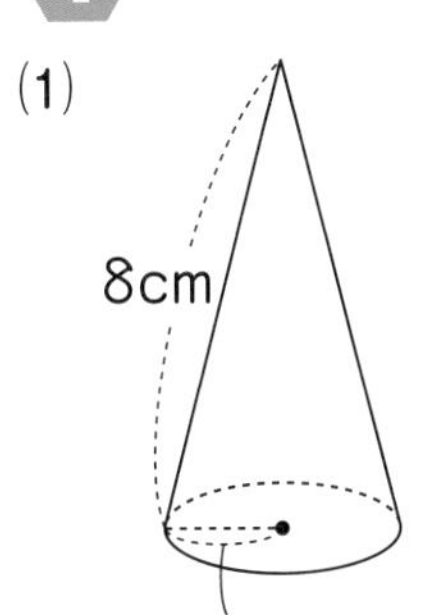

底面積

半径2cmの円だから，$\pi \times 2^2 =$ □ (cm²)

側面積

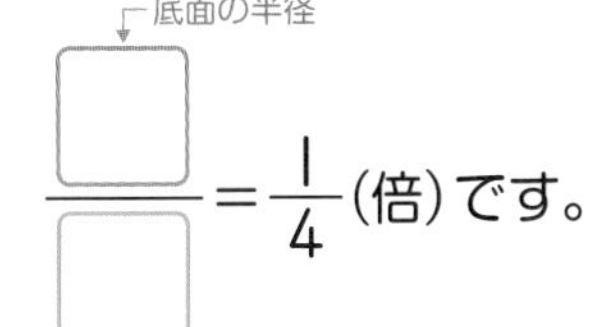

この円錐の側面積は，半径8cmの円の面積の，$\frac{□}{□} = \frac{1}{4}$(倍)です。

だから，側面積は，$\pi \times 8^2 \times \frac{1}{4} =$ □ (cm²)

表面積は，□ ＋ □ ＝ □ (cm²)

側面積　底面積

(2)

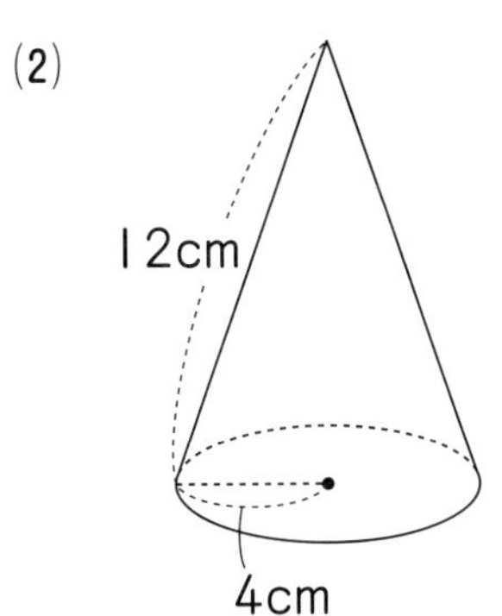

これで**カンペキ** 円錐の側面のおうぎ形の中心角(ちゅうしんかく)

左ページで出てきた，$\frac{(底面の円の半径)}{(円錐の母線の長さ)}$は，おうぎ形の中心角を求めるときにも使えます。

例の円錐では，側面のおうぎ形は，もとの円の$\frac{1}{3}$の大きさなので，おうぎ形の中心角は，

$360° \times \frac{1}{3} = 120°$です。

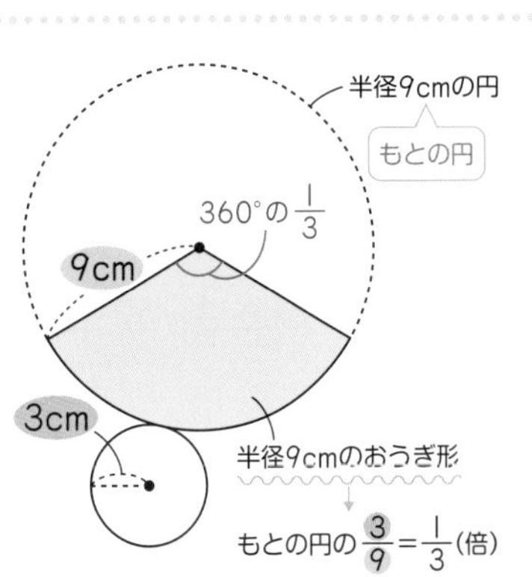

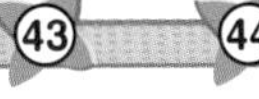

ステージ 48

柱の体積

角柱や円柱の体積を求めよう!

角柱や円柱の体積を求めるときには，どこが底面で，どこが高さになるのかを見極めることが重要です。

1 角柱の体積

角柱の体積は，(底面積)×(高さ)で求められます。

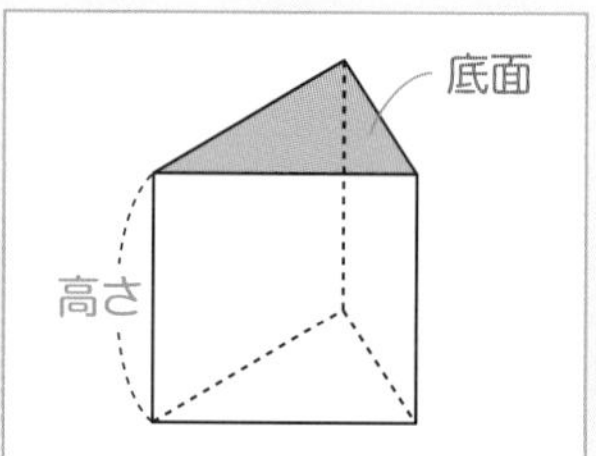

例 右の三角柱の体積を求めましょう。

底面の三角形の面積は，$\frac{1}{2}\times3\times4=$ 6 (cm^2)

図から，高さは 7 cm

体積は， 6 × 7 = 42 (cm^3)

底面積　高さ

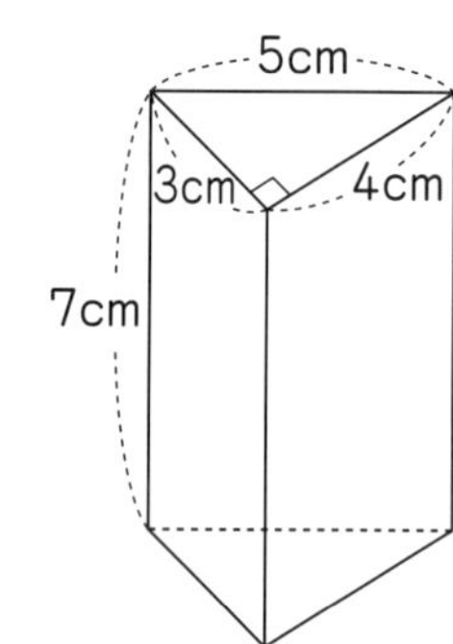

2 円柱の体積

円柱の体積も，(底面積)×(高さ)で求められます。

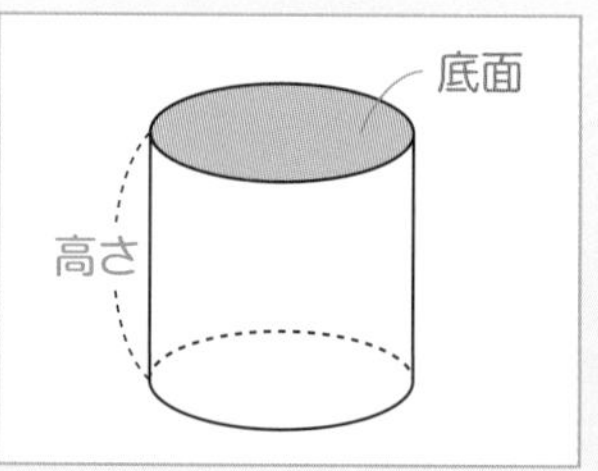

例 右の円柱の体積を求めましょう。

底面の円の面積は，$\pi\times3^2=$ 9π (cm^2)

図から，高さは 8 cm

体積は， 9π × 8 = 72π (cm^3)

底面積　高さ

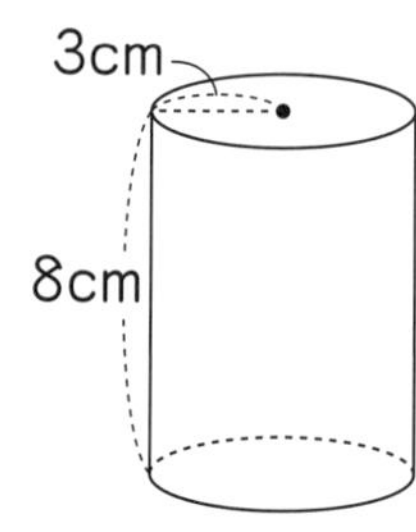

解答 p.20

1 次の三角柱の体積を求めましょう。

(1)

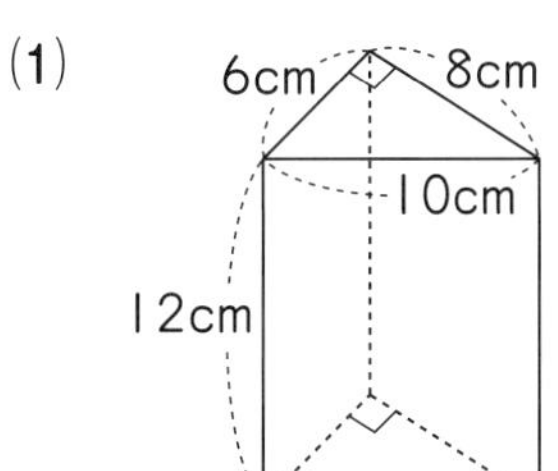

(2)

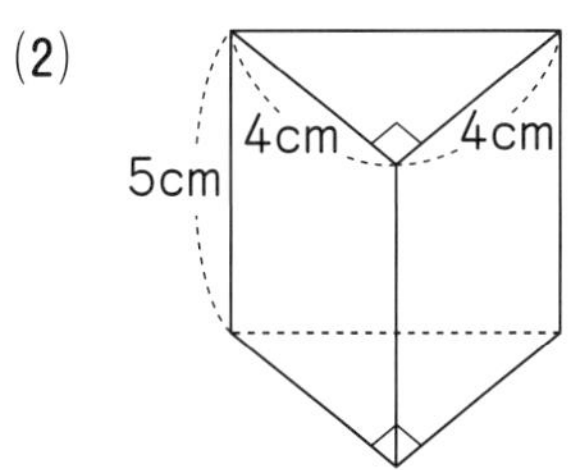

底面の三角形の面積は，

$\frac{1}{2}\times6\times8=$ □ (cm^2)

図から，高さは □ cm

体積は，□ × □ ＝ □ (cm^3)

底面積　高さ

2 次の円柱の体積を求めましょう。

(1)

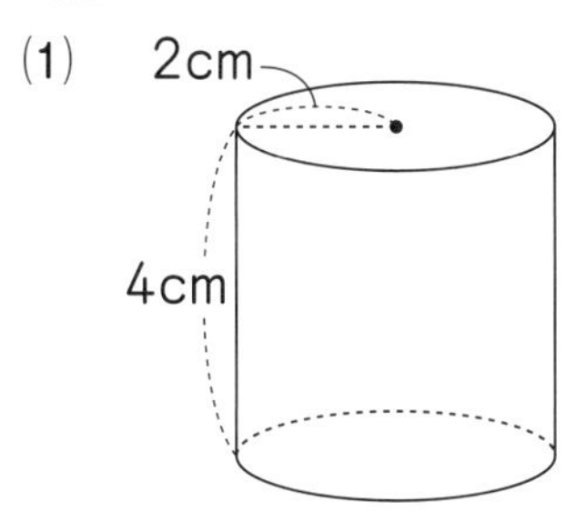

(2)

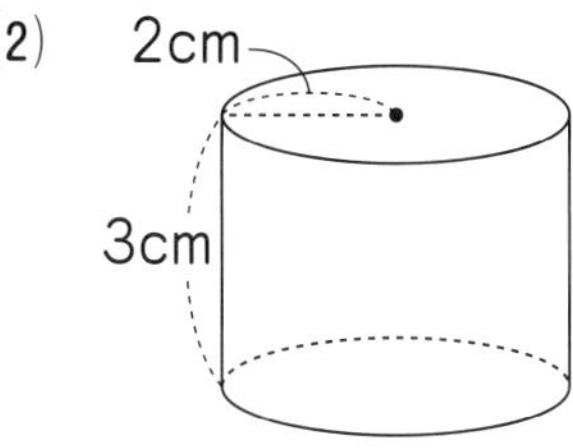

底面の円の面積は，$\pi\times2^2=$ □ (cm^2)

図から，高さは □ cm

体積は，□ × □ ＝ □ (cm^3)

底面積　高さ

ステージ 49

錐の体積

角錐や円錐の体積を求めよう！

角錐(かくすい)や円錐の体積を求めるときには，$\frac{1}{3}$をかけることがポイントです。

1 角錐の体積

角錐の体積は，$\frac{1}{3}$×(底面積)×(高さ)で求められます。

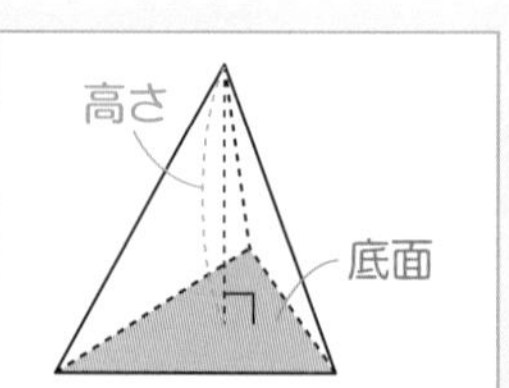

例 右の三角錐の体積を求めましょう。

底面の三角形の面積は，$\frac{1}{2}\times3\times4=$ 6 (cm^2)

図から，高さは 5 cm

体積は，$\frac{1}{3}$ × 6 × 5 ＝ 10 (cm^3)

底面積　高さ

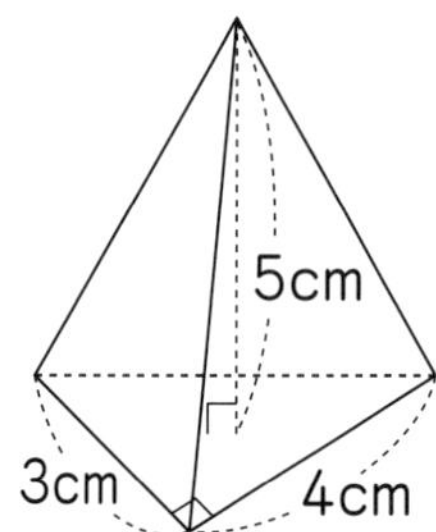

2 円錐の体積

円錐の体積も，$\frac{1}{3}$×(底面積)×(高さ)で求められます。

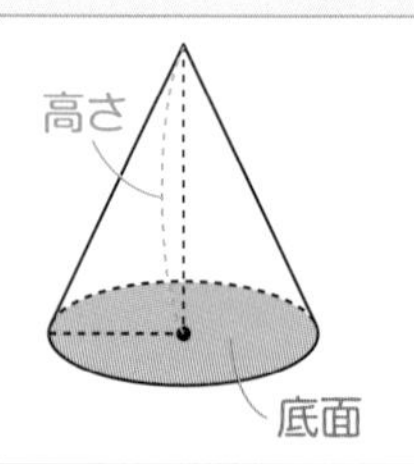

例 右の円錐の体積を求めましょう。

底面の円の面積は，$\pi\times3^2=$ 9π (cm^2)

図から，高さは 4 cm

体積は，$\frac{1}{3}$ × 9π × 4 ＝ 12π (cm^3)

底面積　高さ

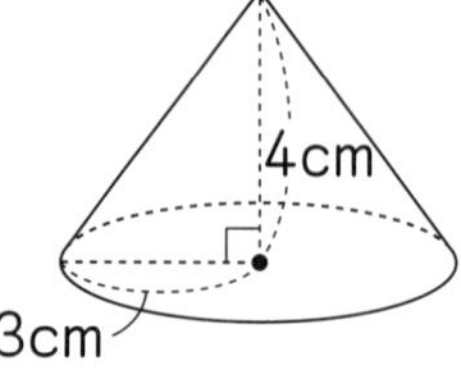

解答 p.20

1 次の三角錐の体積を求めましょう。

(1)

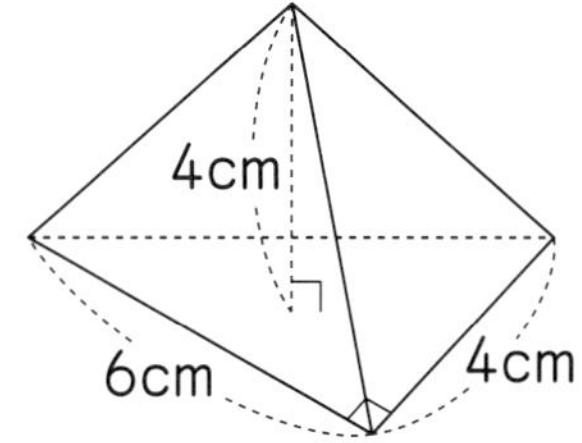

(2)

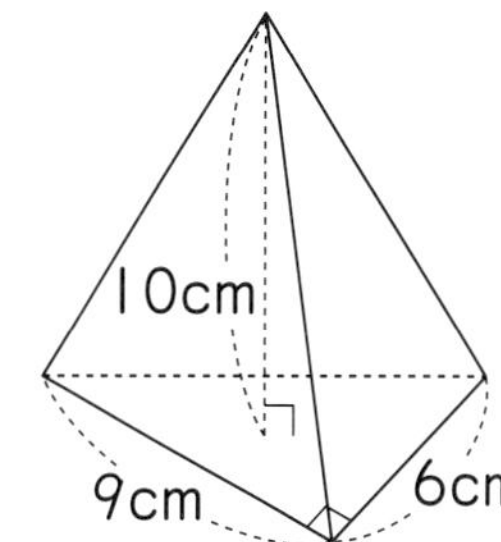

底面の三角形の面積は,

$\frac{1}{2}\times4\times6=$ □ (cm²)

図から，高さは □ cm

体積は,

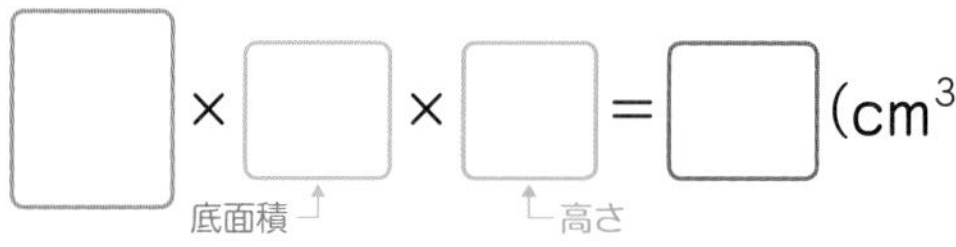

2 次の円錐の体積を求めましょう。

(1)

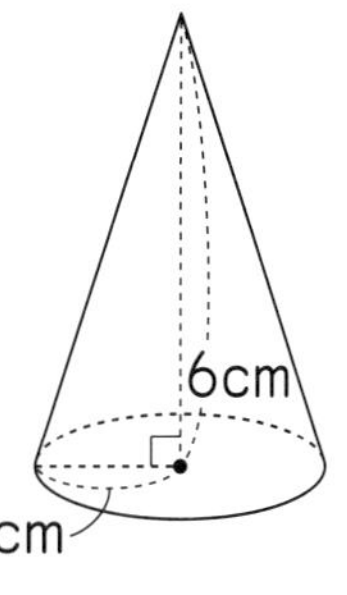

(2)

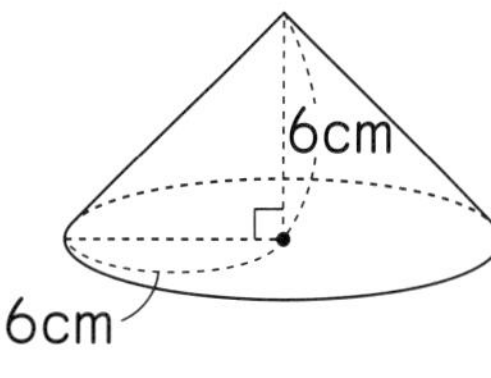

底面の円の面積は，$\pi\times2^2=$ □ (cm²)

図から，高さは □ cm

体積は,

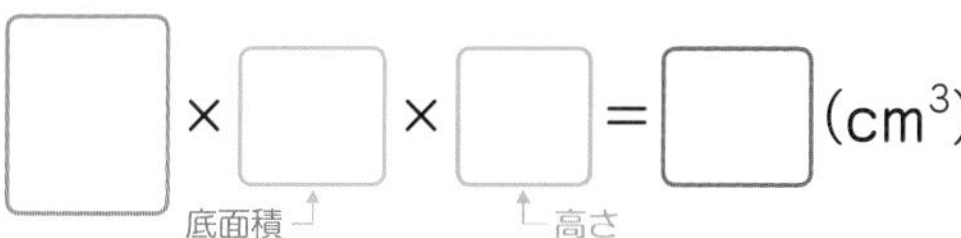

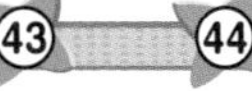

ステージ 50

球の表面積と体積

球の表面積や体積を求めよう！

球の表面積や体積を求める公式をおぼえましょう。
半径がわかれば，あとは公式にあてはめることで求められます。

1 球の表面積

半径がrの球の表面積Sは，$S=4\pi r^2$ で求められます。

例 右の球の表面積を求めましょう。

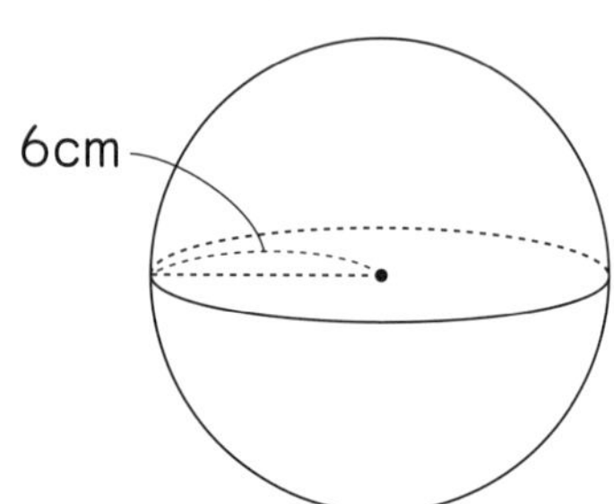

球の半径は，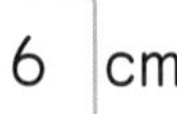 6 cm

だから，表面積は，

$4\pi\times\boxed{6}^2=4\pi\times36$（半径）

$=\boxed{144\pi}$ (cm^2)

2 球の体積

半径がrの球の体積Vは，$V=\dfrac{4}{3}\pi r^3$ で求められます。

例 右の球の体積を求めましょう。

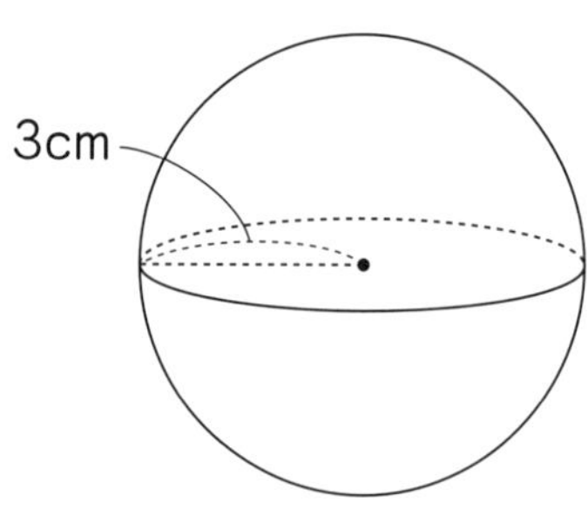

球の半径は， 3 cm

だから，体積は，

$\dfrac{4}{3}\pi\times\boxed{3}^3=\dfrac{4}{3}\pi\times27$（半径）

$=\boxed{36\pi}$ (cm^3)

公式をおぼえればできる！必ずおぼえるのじゃ！

月　　日

解いてみよう！

解答 p.21

1 次の球の表面積を求めましょう。

(1)

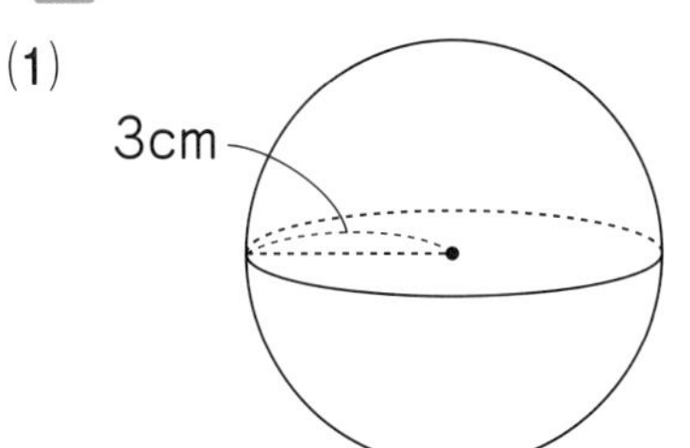

(2)

4cm

球の半径は，□cm

だから，表面積は，

$4\pi \times \square^2 = 4\pi \times 9$

$= \square\ (\text{cm}^2)$

2 次の球の体積を求めましょう。

(1)

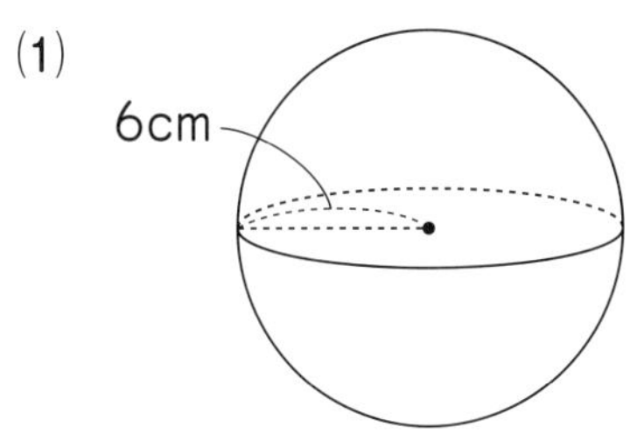

(2)

2cm

球の半径は，□cm

だから，体積は，

$\frac{4}{3}\pi \times \square^3 = \frac{4}{3}\pi \times 216$

$= \square\ (\text{cm}^3)$

これでカンペキ　2乗？3乗？

球の表面積は半径を2乗，体積は半径を3乗します。どちらかわからなくなったときは，

面積→2回かける（「正方形＝(1辺)×(1辺)」など）から2乗

体積→3回かける（「立方体＝(1辺)×(1辺)×(1辺)」など）から3乗

ということを思い出しましょう。

確認テスト

解答 p.22

/100点

次の立体の名前を答えましょう。(4点×3)

(1)

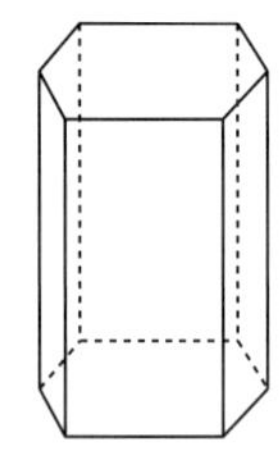

(2)

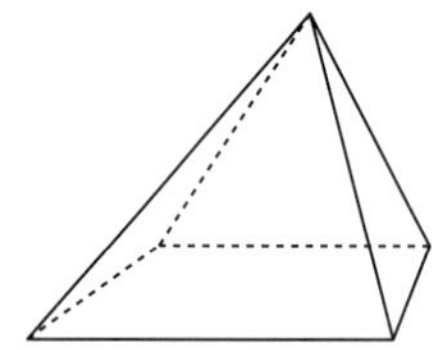

(3)

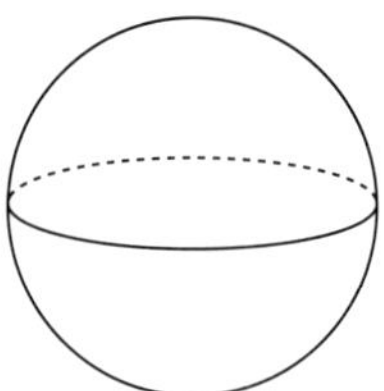

右の直方体を見て，次の辺や面を答えましょう。(6点×3)

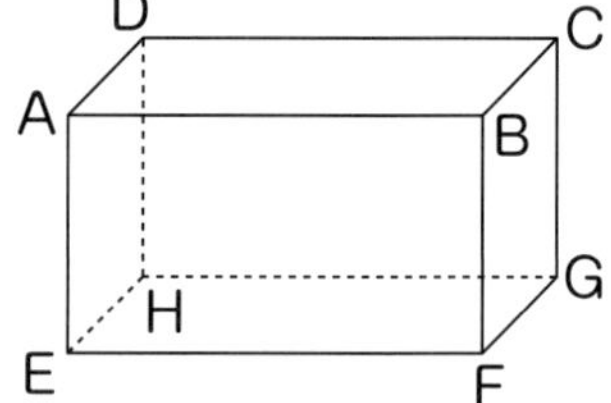

(1) 面AEFBと平行な面

(2) 面AEFBと平行な辺

(3) 辺EHとねじれの位置にある辺

次の立体の名前を答えましょう。(5点×2)

(1) 円を，その面に垂直な方向に一定の距離(きょり)だけ移動させたときにできる立体

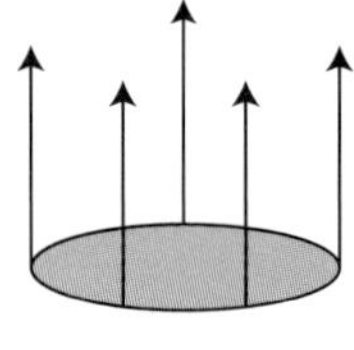

(2) 直角三角形ABCを，図のような直線ℓを軸(じく)として１回転させたときにできる立体

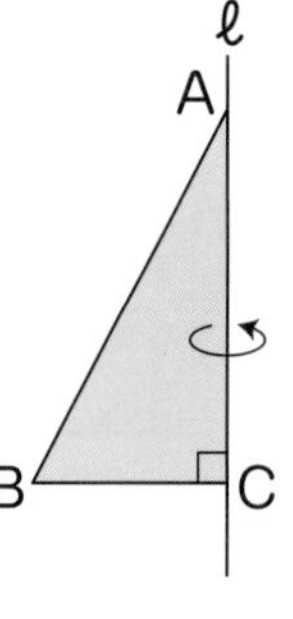

4 (1)は展開図，(2)は投影図です。それぞれ立体の名前を答えましょう。(6点×2)

ステージ 45

(1)

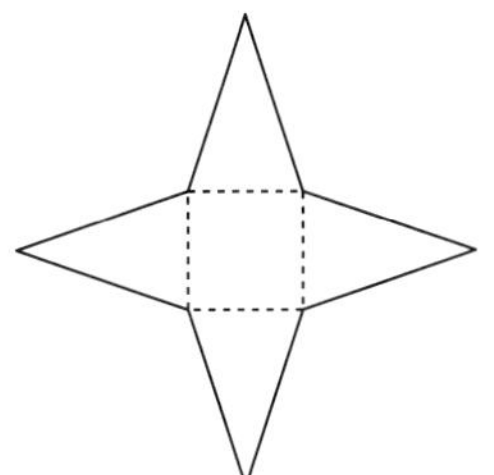

(2)

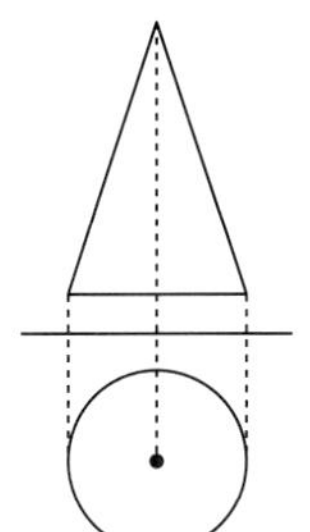

5 次の立体の表面積と体積を求めましょう。(6点×8)

(1)

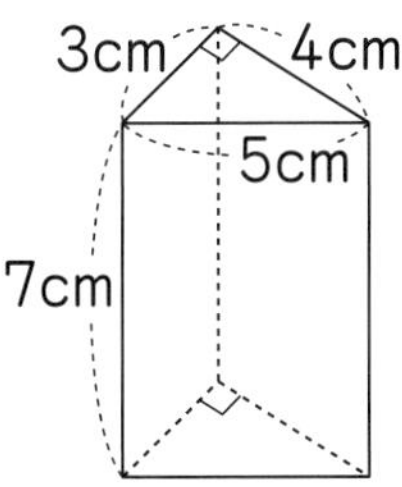

表面積

体積

(2)

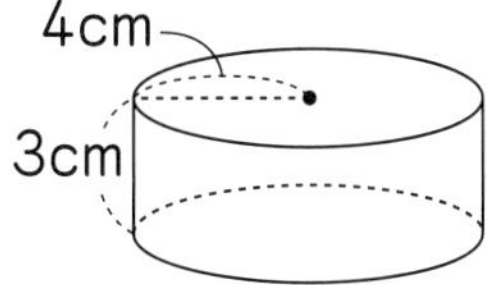

表面積

体積

(3)

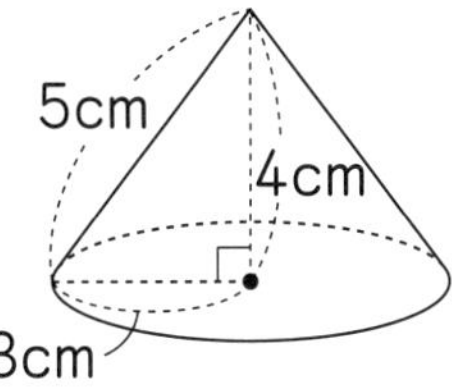

表面積

体積

(4)

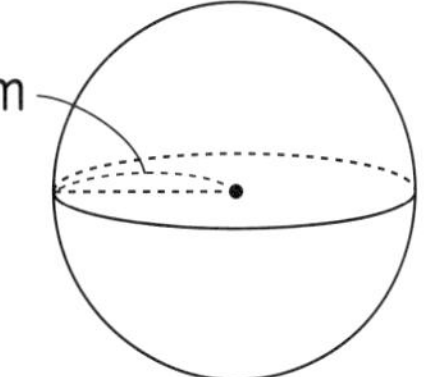

表面積

体積

数魔小太郎からの挑戦状

解答 p.22

チャレンジこそが上達の近道！

問題

右の図の円柱で，点Aから点Bまで，糸の長さが最短になるように，側面にそって糸を１回巻きつけます。そのようすを，展開図にかきましょう。

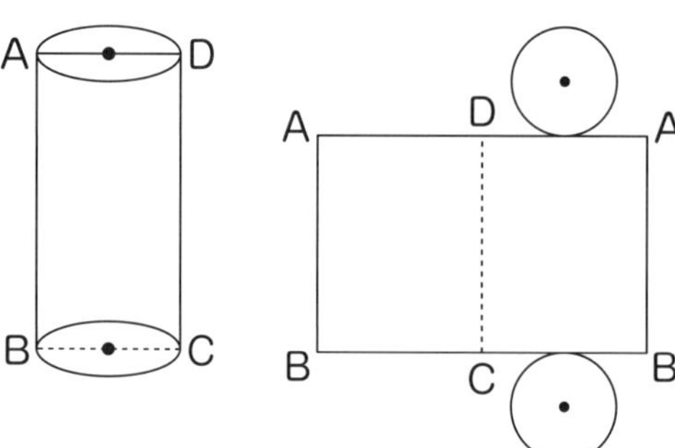

答え　例えば，２点P，Q間の距離(きょり)は，①＿＿＿＿＿PQの長さに等しくなります。２点の最短の道すじを考えるときは，２点を②＿＿＿＿＿で結べばよいといえます。

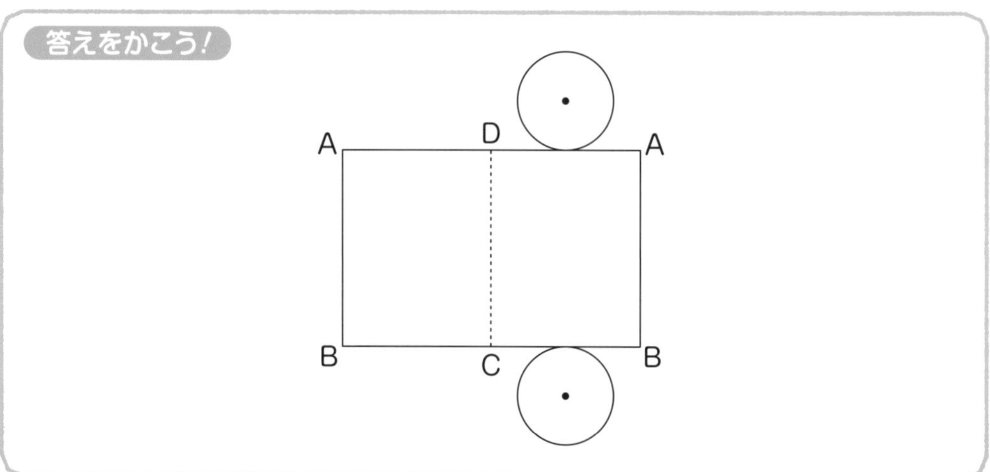

「最短」といえば展開図じゃ！　知っておくと，よいことあるぞ。

7章 データの活用

最後にねらうは「データの巻」。

中学１年の修行も，これが最後だ。表の読みとりが最大の関門だという。

データを分析する冷静さも，ことがらの起こりやすさを見きわめる力も算術上忍になるための重要な素質の１つだ。

分析屋敷のどこかに隠された，「データの巻」を探し出せ！

データの巻

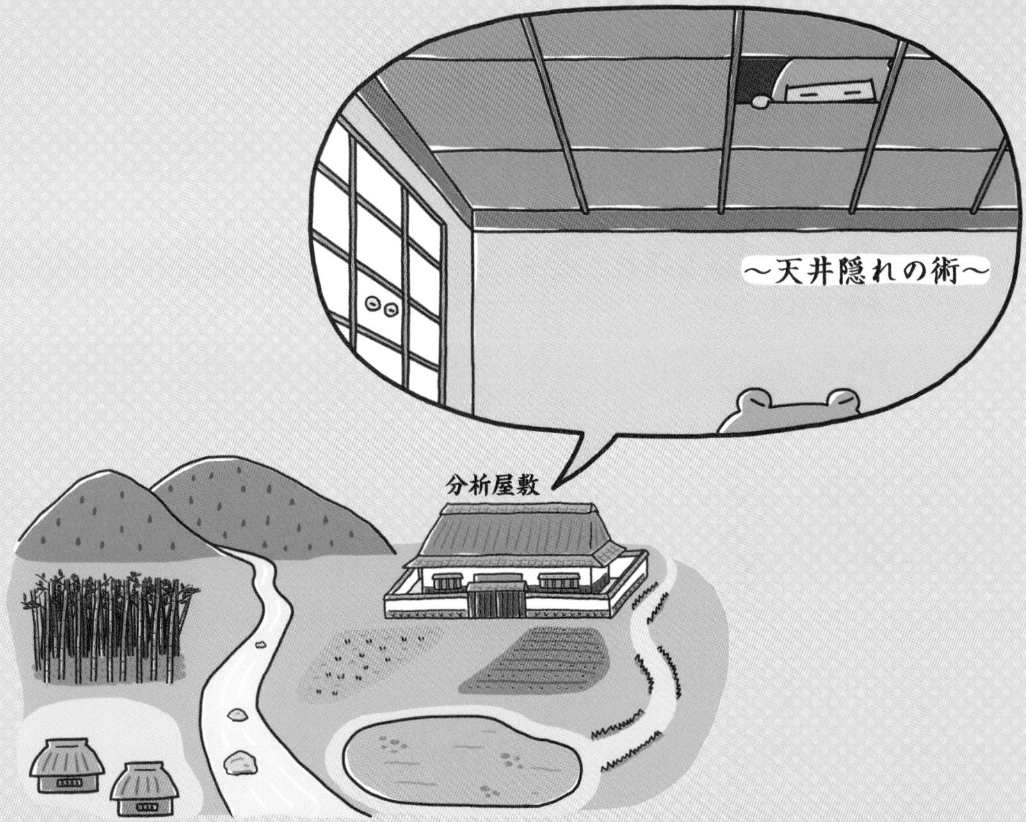

～天井隠れの術～

分析屋敷

ステージ 51

データの分析

データを整理して分析しよう！

資料を，いくつかの区間（階級(かいきゅう)といいます）に分けて，階級に入っている資料の個数（度数(どすう)といいます）を示した表を，度数分布表(どすうぶんぷひょう)といいます。

1 度数分布表

右のような表を度数分布表といいます。
この度数を表した柱状グラフをヒストグラムともいいます。

▼度数分布表

階級(点)	度数(人)
以上 未満 0～ 5	2
5～10	1
10～15	5
15～20	4
20～25	7
25～30	1
計	20

▼ヒストグラム

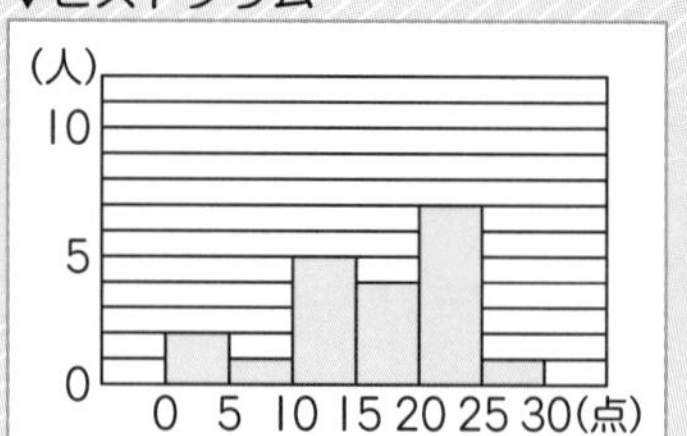

例 右の資料は，10人の生徒がテストを受けた結果を表しています。

4	19	18	6	12
10	13	7	9	14

(1) **右の度数分布表に表しましょう。**
各階級の度数を調べると，
0点以上5点未満は，1 人 ←4点
5点以上10点未満は，3 人 ←6点，7点，9点
10点以上15点未満は，4 人 ←12点，10点，13点，14点
15点以上20点未満は，2 人 ←19点，18点

階級(点)	度数(人)
以上 未満 0～ 5	1
5～10	3
10～15	4
15～20	2
計	10

(2) **度数分布表をもとに，ヒストグラムをかきましょう。**

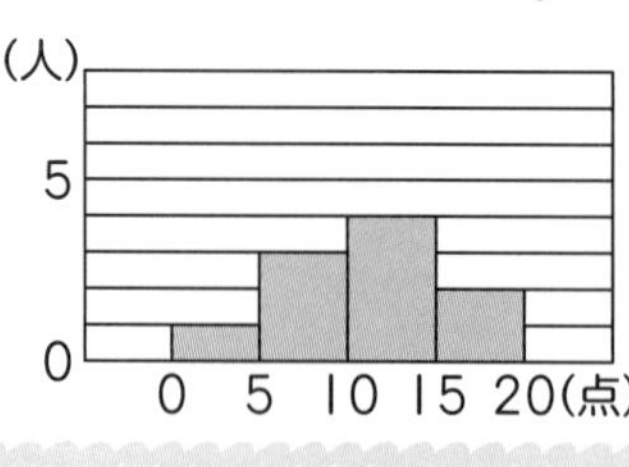

柱状グラフで表します

2 相対度数

ある階級の度数の，全体の度数に対する割合を，相対度数(そうたい)といいます。

例 上の資料で，10点以上15点未満の階級の相対度数を求めましょう。

10点以上15点未満の階級の度数は，4 人

だから，相対度数は，4 ÷ 10 = 0.4 ←小数で答えます
（10点以上15点未満の階級の度数）（度数の合計）

★相対度数
$(相対度数) = \frac{(その階級の度数)}{(度数の合計)}$

解答 p.23

1 右の資料は，20人の生徒がテストを受けた結果を表しています。

4	16	28	21	28	16	12	15	15	9
29	11	8	15	14	19	20	29	13	16

(1) 右の度数分布表に表しましょう。

各階級の度数を調べると，

0点以上5点未満は，□人

5点以上10点未満は，□人

10点以上15点未満は，□人

15点以上20点未満は，□人

20点以上25点未満は，□人

25点以上30点未満は，□人

階級(点)	度数(人)
以上　未満 0～ 5	□
5～10	□
10～15	□
15～20	□
20～25	□
25～30	□
計	20

(2) 度数分布表をもとに，ヒストグラムをかきましょう。

度数分布表の度数を見て，ていねいにかこう！

(人) 10, 5, 0 ／ 0　5　10　15　20　25　30(点)

(3) 20点以上25点未満の階級の相対度数を求めましょう。

20点以上25点未満の階級の度数は，□人

だから，相対度数は，□÷□＝□

これで **カンペキ** 用語の整理

累積度数…度数分布表の最初の階級からその階級までの度数の合計
累積相対度数…度数分布表の最初の階級からその階級までの相対度数の合計
平均値…データの値の合計をデータの個数でわった値
中央値(メジアン)…データを大きさの順に並べたとき，中央の位置にくる値
最頻値(モード)…データの中でいちばん多く現れる値

ステージ 52

相対度数と確率

ことがらの起こりやすさを知ろう!

あることがらが起こると期待される程度を数値で表したものを確率(かくりつ)といいます。

1 確率

あることがらの起こる確率がpであるということは，同じ実験をくり返すとき，そのことがらの起こる割合(相対度数)がpに近づくことを意味します。

例 1個のボタンをくり返し投げて，裏の出た回数を調べる実験を行いました。

投げた回数(回)	50	100	1000	2000	3000	4000
裏の出た回数(回)	17	38	423	809	1191	1598
裏の出た相対度数	0.340	0.380	0.423	ア	0.397	イ

(1) 表のア，イにあてはまる数を，小数第3位までの数で求めましょう。

$$(\text{相対度数})=\frac{(\text{裏の出た回数})}{(\text{投げた回数})}$$ だから，

アは，$\frac{\boxed{809}}{2000}=0.4045$ 小数第4位を四捨五入すると，$\boxed{0.405}$

└小数第3位までのがい数で表します

イは，$\frac{\boxed{1598}}{4000}=0.3995$ 小数第4位を四捨五入すると，$\boxed{0.400}$

└小数第3位までのがい数で表します

(2) 裏の出る確率は，いくつと考えられますか。小数第2位までの数で求めましょう。

表から，このボタン投げの実験では，投げる回数が多くなると，裏の出た相対度数は，$\boxed{0.400}$に近づきます。

実験回数が多い相対度数から考えます

したがって，このボタン投げの実験では，裏の出る確率は，$\boxed{0.40}$であると考えられます。

└小数第3位を四捨五入します

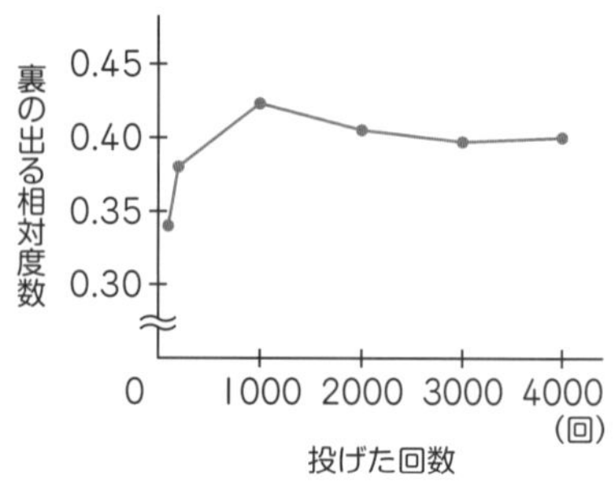

解答 p.23

1 1個のさいころをくり返し投げて，奇数(きすう)の目が出た回数を調べる実験を行いました。

投げた回数(回)	10	50	100	500	1000	2000
奇数の目が出た回数(回)	3	21	46	238	491	998
奇数の目が出た相対度数	0.30	0.42	0.46	ア	イ	ウ

(1) 表のア，イ，ウにあてはまる数を小数第２位までの数で求めましょう。

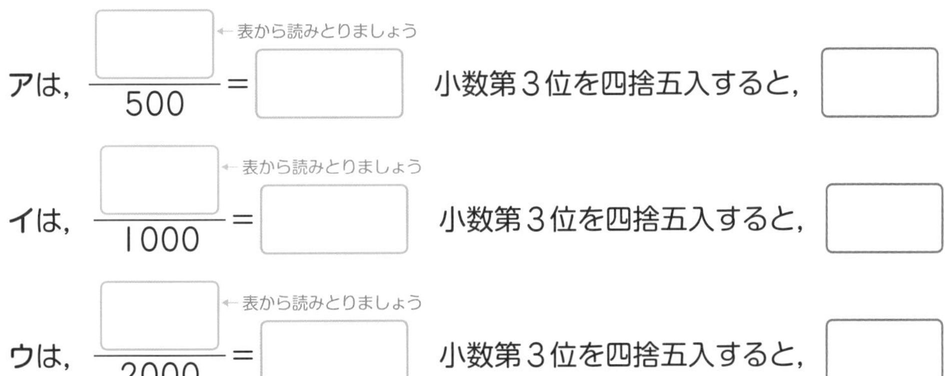

アは，$\frac{\square}{500}$ = □　←表から読みとりましょう　小数第３位を四捨五入すると，□

イは，$\frac{\square}{1000}$ = □　←表から読みとりましょう　小数第３位を四捨五入すると，□

ウは，$\frac{\square}{2000}$ = □　←表から読みとりましょう　小数第３位を四捨五入すると，□

(2) 奇数の出る確率は，いくつと考えられますか。小数第２位までの数で求めましょう。

表から，さいころを投げる回数が多くなると，奇数の目が出る相対度数は，

□に近づきます。したがって，このさいころの奇数の目が出る確率は，

↑実験回数が多い相対度数から考えます

□であると考えられます。

これでカンペキ　相対度数の変わり方

全体の回数が少ないうちは，相対度数のばらつきが大きくなり，全体の回数が多くなると，相対度数のばらつきは小さくなります。

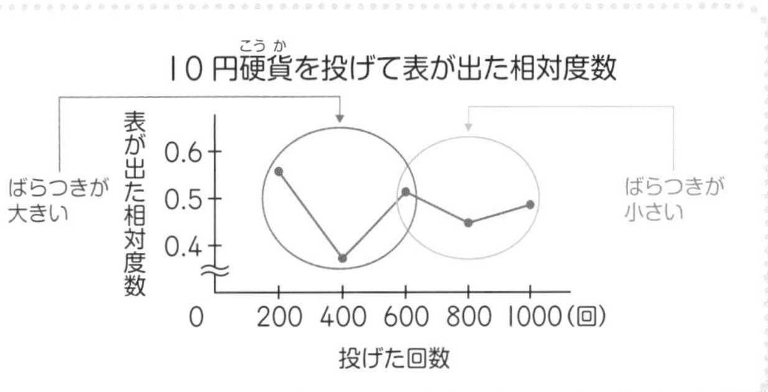

確認テスト

解答 p.24

/100点

1 右の度数分布表は，忍術(にんじゅつ)学校の20人の生徒の通学時間を調べた結果を表しています。(7点×7)　ステージ 51

階級(分)	度数(人)
以上　未満 0～ 5	2
5～10	2
10～15	7
15～20	3
20～25	3
25～30	3
計	20

(1) 下の表は，相対度数の値をまとめたものです。空らんをすべてうめましょう。

階級(分)	度数(人)	相対度数
以上　未満 0～ 5	2	0.10
5～10	2	
10～15	7	
15～20	3	0.15
20～25	3	
25～30	3	0.15
計	20	1.00

(2) 5分以上10分未満の階級までの累積度数を求めましょう。

(3) 15分以上20分未満の階級までの累積相対度数を求めましょう。

(4) 通学時間が15分未満の生徒は何人か求めましょう。

(5) 通学時間が15分未満の生徒は，全体のうちどれくらいの割合ですか。小数で答えましょう。

2 右の資料は，15人の生徒がテストを受けた結果を表しています。

(5点×6) ステージ 51

19	14	8	3	14	18	12	10
11	13	7	12	4	19	13	

(1) 右の表は，この資料を度数分布表に表したものです。度数の空らんをすべてうめましょう。

階級(点)	度数(人)
以上　未満 0～ 5	
5～10	
10～15	
15～20	
計	15

(2) 度数分布表をもとに，ヒストグラムを完成させましょう。

(人)
10
5
0
0　5　10　15　20　(点)

(3) 15点以上20点未満の階級の相対度数を求めましょう。

3 1個の画びょうをくり返し投げて，上向きになった回数を調べる実験を行いました。

(7点×3) ステージ 52

投げた回数(回)	10	50	100	200	300	400
上向きになった回数(回)	6	32	65	126	194	255
上向きになった相対度数	0.60	0.64	0.65	0.63	ア	イ

(1) 表のア，イにあてはまる数を小数第2位までの数で求めましょう。

ア　　　　イ

(2) 画びょうが上向きになる確率を，小数第2位までの数で求めましょう。

7章 データの活用

数魔小太郎からの挑戦状

解答 p.24

チャレンジこそが上達の近道！

問題

増太郎(ますたろう)は，クラスの忍術(にんじゅつ)テストを受けました。クラスの人数は31人います。増太郎は，自分の得点が上位15位以内に入っているかを調べようと思いました。

代表値として，平均値，中央値，最頻値(さいひんち)のうちどの値がわかれば，上位15位以内かどうかがわかりますか。

答え ＿＿＿＿＿＿＿＿

ヒント

クラスの上位15位以内かどうかを調べるには，クラスのちょうど真ん中の人の点数がわかればいいね。

自分が選ばなかった代表値について，なぜ選ばなかったのか，理由を書いてみよう！

調べたいものによって，何を代表値とするかは変わるのじゃ。

「データの巻」伝授！

すべての巻物をゲットした！
2年生では，国々を旅しよう！

③

□ 編集協力 (有)マイプラン 尾崎恵理子 細川啓太郎

□ 本文デザイン studio1043 CONNECT

□ DTP (有)マイプラン

□ 図版作成 (有)マイプラン

□ イラスト さやましょうこ（(有)マイプラン）

シグマベスト

ぐーんっとやさしく
中１数学

編 者 文英堂編集部

発行者 益井英郎

印刷所 凸版印刷株式会社

発行所 株式会社文英堂

〒601-8121 京都市南区上鳥羽大物町28

〒162-0832 東京都新宿区岩戸町17

(代表)03-3269-4231

●落丁・乱丁はおとりかえします。

中1数学

ぐーんっとやさしく

解答と解説

文英堂

ステージ 1

符号のついた数①

正の数・負の数を知ろう！

1 次の数を，＋，－の符号を使って表しましょう。

(1) 0より6小さい数

0より小さい数は，符号［－］を使って表します。よって，答えは［－6］です。

(2) 0より10大きい数

0より大きい数は，符号［＋］を使って表します。よって，答えは［＋10］です。

(3) 0より15小さい数

－15 ← 0より小さいので－

(4) 0より$\frac{1}{2}$小さい数

$-\frac{1}{2}$ ← 0より小さいので－

2 次の問いに答えましょう。

(1) 20g多いことを＋20gと表すとき，50g少ないことはどのように表しますか。

「多い」が＋だから，「多い」の反対の「［少ない］」は［－］を使って表します。

よって，50g少ないことは，［－50g］と表します。

(2) 10m長いことを＋10mと表すとき，－8mは何を表していますか。

「長い」ことが＋だから，－は「長い」の反対の「［短い］」ことを意味します。

よって，－8mは，［8m短い］ことを表しています。

ステージ 2

符号のついた数②

数直線を使って考えよう！

1 右の数直線を見て，①，②に対応する数を答えましょう。

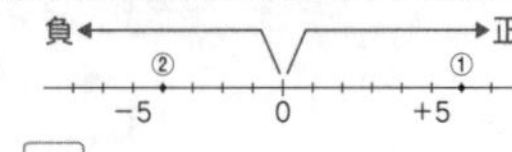

この数直線では，1めもりの大きさが［1］です。

①の点は0より［正］の方向にあります。よって，①は，［＋6］に対応します。

②の点は0より［負］の方向にあります。よって，②は，［－4］に対応します。

2 次の数の絶対値を答えましょう。

(1) ＋1

＋1から，符号［＋］を取りさると，［1］

よって，＋1の絶対値は，［1］

(2) －10

－10から，符号［－］を取りさると，［10］

よって，－10の絶対値は，［10］

(3) －3.5

－3.5から，符号［－］を取りさると，［3.5］

よって，－3.5の絶対値は，［3.5］

ステージ 3

数の大小

どちらが大きいか見極めよう！

1 次の数の大小を，不等号を使って表しましょう。

(1) －3，＋2

数直線上に－3，＋2の点をとると，図のようになります。

数直線上では，［右］にいくほど数は大きくなるので，－3［<］＋2

(2) －1，－2

数直線上に－1，－2の点をとると，図のようになります。

数直線上では，［右］にいくほど数は大きくなるので，－1［>］－2

(3) －2.5，－3

数直線上に－2.5，－3の点をとると，図のようになります。

数直線上では，右にいくほど数は大きくなるので，－2.5［>］－3

別の考え方

－2.5の絶対値は2.5，－3の絶対値は3で，［3］の方が大きいので，

－2.5［>］－3

ステージ 4

加法

たし算をしよう！

1 次の計算をしましょう。

(1) (＋2)＋(＋4)＝［＋］(2＋4)＝［＋6］（同じ符号）

(2) (＋3)＋(＋6)＝＋(3＋6)＝＋9（同じ符号）

(3) (－4)＋(－1)＝［－］(4＋1)＝［－5］（同じ符号）

(4) (－7)＋(－3)＝－(7＋3)＝－10（同じ符号）

2 次の計算をしましょう。

(1) (－2)＋(＋6)＝［＋］(6－2)＝［＋4］（異なる符号）

(2) (＋4)＋(－8)＝［－］(8－4)＝［－4］（異なる符号）

(3) (－8)＋(＋2)＝［－］(8－2)＝［－6］（異なる符号）

(4) (＋6)＋(－4)＝［＋］(6－4)＝［＋2］（異なる符号）

ステージ 5
減法
ひき算をしよう!

1 次の計算をしましょう。　ひき算は，符号を変えてたし算にします

(1) $(+3)-(+5)=(+3)+(\boxed{-}5)$ 符号を変えます
$=-(5-3)$
$=\boxed{-2}$

(2) $(+1)-(+4)=(+1)+(-4)$
$=-(4-1)$
$=-3$

(3) $(-5)-(+1)=(-5)+(\boxed{-}1)$ 符号を変えます
$=-(5+1)$
$=\boxed{-6}$

(4) $(-3)-(+9)=(-3)+(-9)$
$=-(3+9)$
$=-12$

(5) $(+6)-(-7)=(+6)+(\boxed{+}7)$ 符号を変えます
$=+(6+7)$
$=\boxed{+13}$

(6) $(+2)-(-9)=(+2)+(+9)$
$=+(2+9)$
$=+11$

(7) $(-6)-(-3)=(-6)+(\boxed{+}3)$ 符号を変えます
$=-(6-3)$
$=\boxed{-3}$

(8) $(-7)-(-8)=(-7)+(+8)$
$=+(8-7)$
$=+1$

ステージ 6
加法と減法の混じった計算
たし算・ひき算をマスターしよう!

1 次の計算をしましょう。

(1) $4-8=(\boxed{+4})-(+8)$
$=(+4)+(\boxed{-8})$
$=\boxed{-}(8-4)$　小＋(－大)
$=\boxed{-4}$

(2) $2-9=(+2)-(+9)$
$=(+2)+(-9)$
$=-(9-2)$　小＋(－大)
$=-7$

2 次の計算をしましょう。

(1) $4-9+1-4=4+\boxed{1}-9-\boxed{4}$　正の項　負の項
$=\boxed{5}-13$
$=\boxed{-8}$

(2) $5-4-4+2=5+2-4-4$
$=7-8$
$=-1$
正の項　負の項

(3) $(+3)-(+4)-(-5)+(-2)=(+3)+(\boxed{-4})+(+5)+(-2)$
$=(+3)+(+5)+(-4)+(-2)$　正の項　負の項
$=(+\boxed{8})+(-\boxed{6})$
$=\boxed{+2}$

ステージ 7
乗法
かけ算をしよう!

1 次の計算をしましょう。

(1) $(-2)\times(-5)=\boxed{+}(2\times\boxed{5})$　同じ符号　符号が決まります　絶対値の積
$=\boxed{10}$
正の数の符号＋ははぶいてもOKです

(2) $(-6)\times(-2)=+(6\times2)$　同じ符号
$=12$

2 次の計算をしましょう。

(1) $(+2)\times(-7)=\boxed{-}(2\times\boxed{7})$　ちがう符号　符号が決まります　絶対値の積
$=\boxed{-14}$

(2) $(+4)\times(-5)=-(4\times5)$　ちがう符号
$=-20$

(3) $(-5)\times(+8)=\boxed{-}(\boxed{5}\times8)$　ちがう符号　符号が決まります　絶対値の積
$=\boxed{-40}$

(4) $(-4)\times(+9)=-(4\times9)$　ちがう符号
$=-36$

(5) $(-2)\times(+11)=-(2\times11)$　ちがう符号
$=-22$

(6) $(+5)\times(-10)=-(5\times10)$　ちがう符号
$=-50$

ステージ 8
乗法，累乗
3つ以上のかけ算をしよう!

1 次の計算をしましょう。

(1) $(-5)\times(-2)\times(-6)=\boxed{-}(5\times2\times6)$　負の数が3個(奇数個)　符号が決まります　絶対値の積
$=\boxed{-60}$

(2) 負の数が3個(奇数個)
$(-10)\times(-2)\times(-4)$
$=-(10\times2\times4)$
$=-80$

(3) $(-2)\times(-4)\times9=\boxed{+}(2\times4\times9)$　負の数が2個(偶数個)　符号が決まります　絶対値の積
$=\boxed{72}$

(4) 負の数が2個(偶数個)
$2\times(-2)\times(-4)$
$=+(2\times2\times4)$
$=16$

2 次の計算をしましょう。

(1) $3^3=\boxed{3}\times\boxed{3}\times\boxed{3}$　3回かけます
$=\boxed{27}$

(2) $10^3=10\times10\times10$　3回かけます
$=1000$

(3) $(-6)^2=(\boxed{-6})\times(\boxed{-6})$　2回かけます
$=\boxed{36}$

(4) $(-4)^3=(-4)\times(-4)\times(-4)$　3回かけます
$=-64$

かっこの外に指数がついていることに注意

ステージ 9　除法
わり算をしよう！

1 次の計算をしましょう。

(1) $(-14)\div(-7)=$ [+] $(14\div$ [7] $)$
$=$ [2]
（同じ符号 → 符号が決まります）

(2) $(-24)\div(-6)=+(24\div6)$
$=4$
同じ符号

(3) $(-64)\div(+8)=$ [−] $(64\div8)$
$=$ [−8]
（ちがう符号 → 符号が決まります）

(4) $(+36)\div(-4)=-(36\div4)$
$=-9$
ちがう符号

2 次の計算をしましょう。

(1) $\left(+\frac{16}{21}\right)\div\left(-\frac{8}{7}\right)=$ [−] $\left(\frac{16}{21}\div\frac{8}{7}\right)$
$=-\left(\frac{16}{21}\times\right.$ [$\frac{7}{8}$] $\left.\right)$
$=$ [$-\frac{2}{3}$]
$-\left(\frac{16}{21}\times\frac{7}{8}\right)$（約分：16→2, 21→3, 7→1, 8→1）
（ちがう符号 → 符号が決まります）

(2) $\left(-\frac{5}{4}\right)\div\left(+\frac{25}{24}\right)$
$=-\left(\frac{5}{4}\div\frac{25}{24}\right)$
$=-\left(\frac{5}{4}\times\frac{24}{25}\right)$
$=-\frac{6}{5}$
$-\left(\frac{5}{4}\times\frac{24}{25}\right)$（約分：5→1, 4→1, 24→6, 25→5）

ステージ 10　四則の混じった計算
四則の混じった計算ができるようになろう！

1 次の計算をしましょう。

(1) $8+(-2)\times(-5)=8+($ [10] $)$　①かけ算　②たし算
$=$ [18]

(2) $10-3\times(-4)=10-(-12)$　①②
$=22$

(3) $(-4)-18\div6=(-4)-$ [3]　①わり算　②ひき算
$=$ [−7]

(4) $7+36\div(-9)=7+(-4)$　①②
$=3$

2 次の計算をしましょう。

(1) $6+(4^2-7)\times(-2)=6+($ [16] $-7)\times(-2)$　①累乗　②かっこの中
$=6+$ [9] $\times(-2)$　③かけ算
$=6+($ [−18] $)$　④たし算
$=$ [−12]

(2) $-7-(4-2^3)\times5$　①
$=-7-(4-8)\times5$　②
$=-7-(-4)\times5$　③
$=-7-(-20)$　④
$=-7+20$
$=13$

ステージ 11　正負の数の利用
正負の数を使いこなそう！

1 右の表は，まさみさんの3教科のテストの点数を，基準より高い場合は正の数で，低い場合は負の数で表したものです。次の問いに答えましょう。

まさみさんのテストの点数

教科	数学	英語	国語
基準との差(点)	−1	−8	+3

(1) 点数が最も高かった教科と低かった教科の点数の差を求めましょう。
点数が最も高かった教科は，[国語]
点数が最も低かった教科は，[英語]
（数直線：−8 英語，0 基準，+3 国語，点数の差）
2教科の点数の差は，$(+3)-($ [−8] $)=11$(点)
よって，点数が最も高かった教科と低かった教科の点数の差は，[11] 点

(2) 基準が80点のとき，3教科のテストの平均点を求めましょう。
表から，基準との差の合計は，$(-1)+(-8)+(+3)=$ [−6] (点)
基準との差の平均は，$-6\div$ [3] $=-2$(点)
平均点は，$80+(-2)=$ [78] (点)

(3) 基準が85点のとき，3教科のテストの平均点を求めましょう。
(2)より，基準との差の平均は−2点だから，
平均点は，$85+(-2)=83$(点)
基準は85点

ステージ 12　素因数分解
数を素数のかけ算で表そう！

1 次の数を素因数分解しましょう。

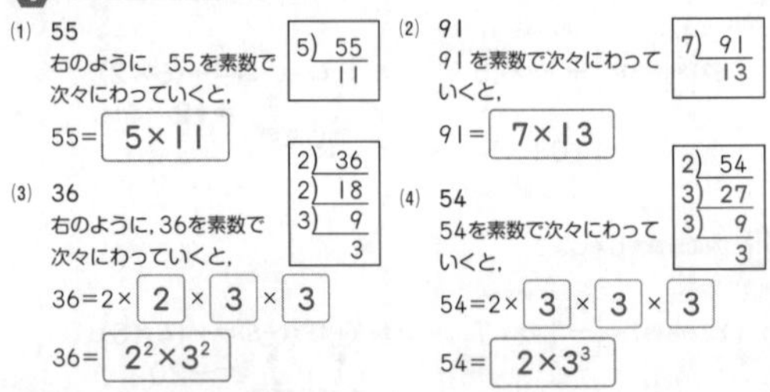

(1) 55
右のように，55を素数で次々にわっていくと，
5) 55 → 11
55= [5×11]

(2) 91
91を素数で次々にわっていくと，
7) 91 → 13
91= [7×13]

(3) 36
右のように，36を素数で次々にわっていくと，
2) 36, 2) 18, 3) 9 → 3
36=2× [2] × [3] × [3]
36= [$2^2\times3^2$]

(4) 54
54を素数で次々にわっていくと，
2) 54, 3) 27, 3) 9 → 3
54=2× [3] × [3] × [3]
54= [2×3^3]

2 次の問いに答えましょう。

(1) 78，81，88のうち，6の倍数はどれですか。
それぞれ素因数分解すると，
78= [2×3×13]，81= [3^4]，88= [$2^3\times11$]
6の倍数は，素因数分解の中に6=2×3がふくまれる数だから，[78] です。

(2) 52の約数をすべて求めましょう。
52を素因数分解すると，$52=2^2\times13$
このときの素数を組み合わせて，$2^2=$ [4]，$2\times13=$ [26]
よって，52の約数は，[1，2，4，13，26，52]

確認テスト　1章

1 (1)-400g
(2)500m南へ移動すること

2 (1)①$+1$　②-3

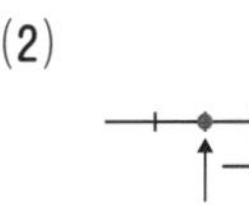
(2)
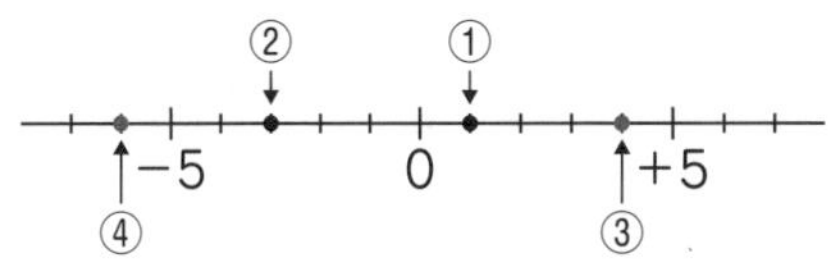

3 (1)$-5<+2$　(2)$-4<0<+2$

解説　数直線で考える。数直線では，右にいくほど数が大きくなる。

(1)
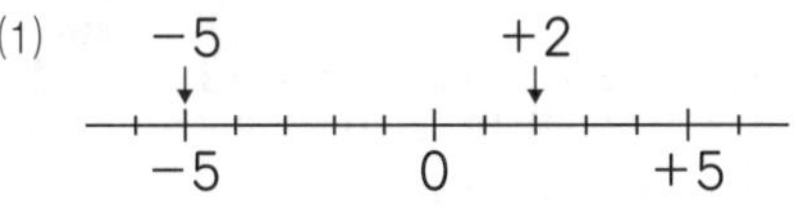

(2)
-4　0　$+2$
-5　0　$+5$

4 (1)-6　(2)$+4$
(3)-13　(4)-1

解説　(1)$(-1)+(-5)=-(1+5)=-6$
(2)$(+8)+(-4)=+(8-4)=+4$
(3)$(-4)-(+9)=(-4)+(-9)=-13$
(4)$(-5)-(-4)=(-5)+(+4)=-1$

5 (1)-1　(2)6

解説　(1)$5-6=(+5)-(+6)=(+5)+(-6)$
$=-(6-5)=-1$
(2)$-3+(+7)-2-(-4)=-3+7-2+4$
$=7+4-3-2=11-5=6$

6 (1)40　(2)-3

解説　(1)$(-5)\times(-8)=+(5\times8)=40$
(2)$(+9)\div(-3)=-(9\div3)=-3$

7 (1)-40　(2)81

解説　(1)$5\times(-2)\times4=-(5\times2\times4)=-40$
(2)$(-3)^4=(-3)\times(-3)\times(-3)\times(-3)$
$=81$

8 (1)-13　(2)1
(3)13　(4)-13

解説　累乗(るいじょう)→かっこの中→かけ算・わり算→たし算・ひき算の順序で計算する。
(1)$-7+2\times(-3)=-7+(-6)=-13$
(2)$4-(-6)\div(-2)=4-3=1$
(3)$4+(5-2^3)\times(-3)=4+(5-8)\times(-3)$
$=4+(-3)\times(-3)$
$=4+9$
$=13$
(4)$-8+(5^2-15)\div(-2)$
$=-8+(25-15)\div(-2)$
$=-8+10\div(-2)$
$=-8+(-5)$
$=-13$

9 81点

解説　表から，基準との差の合計は，
$(+1)+(-3)+(-4)=-6$(点)
基準との差の平均は，
$-6\div3=-2$(点)
平均点は，$83+(-2)=81$(点)

10 (1)$165=3\times5\times11$　(2)$100=2^2\times5^2$

数魔小太郎からの挑戦状

答え　①A　②C　③高くなる
④4

解説　1回目を基準にして，図に整理します。
2回目は1回目より1点高いから，

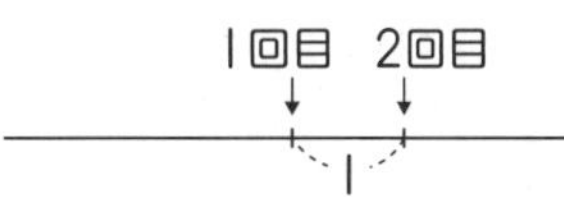

3回目は1回目より2点低いから，

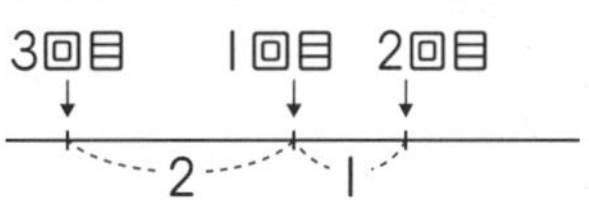

4回目は3回目より4点高いから，

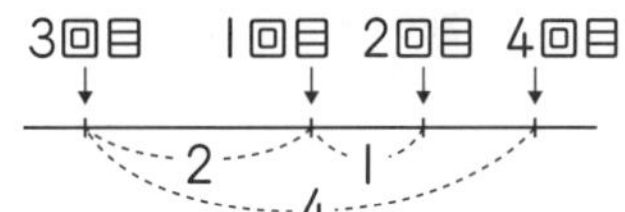

ステージ 13 文字を使った式の表し方①
文字を使ってかけ算を表そう！

1 次の式を，文字式の表し方にしたがって表しましょう。

(1) $\ell\times m\times n=$ ℓmn （←×ははぶきましょう）

(2) $a\times m\times x=amx$

(3) $a\times 5\times b=$ $5ab$ （←数が前）

(4) $x\times y\times 10=10xy$

(5) $1\times x\times y=$ xy （←1ははぶきましょう）

(6) $m\times 1\times n=mn$

2 次の数量を，文字を使った式で表しましょう。

(1) 120円のおにぎりをa個買ったときの代金

おにぎりの代金は，(1個の値段)×(買った個数) で求められるから，

$120\times a=120a$ （←1個の値段　←買った個数　←×ははぶきましょう）

よって，代金は，$120a$ 円

(2) 10mのひもから，2mのひもをb本切り取ったときの残りの長さ

残りのひもの長さは，(全体の長さ)－(切り取った長さ) で求められます。

切り取った長さは，2mをb本だから，$2\times b=$ $2b$ (m)

よって，残りの長さは，($10-2b$)m （全体の長さ　切り取った長さ）

ステージ 14 文字を使った式の表し方②
文字を使って累乗を表そう！

1 次の式を，文字式の表し方にしたがって表しましょう。

(1) $y\times y\times y=$ y^3 （←指数を使いましょう）
3回かけます

(2) $b\times b\times b\times b\times b=b^5$
5回かけます

(3) $4\times a\times a=$ $4a^2$ （←指数を使いましょう。数は前に書きます）
2回かけます

(4) $-5\times x\times x\times x=-5x^3$
3回かけます

2 次の数量を，文字を使った式で表しましょう。

(1) 底辺，高さがともに$x$cmの平行四辺形（へいこうしへんけい）の面積

平行四辺形の面積は，(底辺)×(高さ) で求められるから，

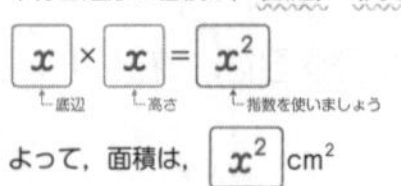

$x\times x=x^2$ （←底辺　←高さ　←指数を使いましょう）

よって，面積は，x^2 cm^2

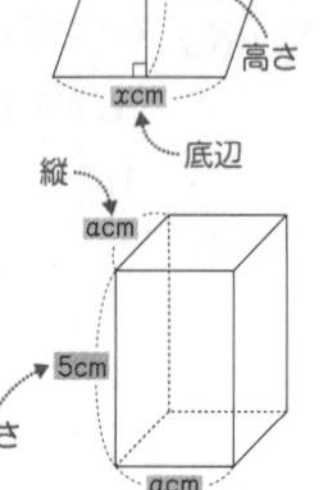

(2) 縦が$a$cm，横が$a$cm，高さが5cmの直方体の体積

直方体の体積は，(縦)×(横)×(高さ) で求められるから，

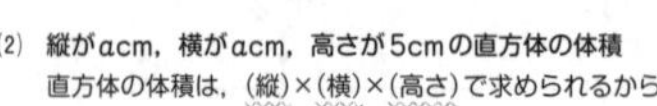

$a\times a\times 5=5a^2$ （←縦　←横　←高さ　←指数を使いましょう。数は前に書きます）

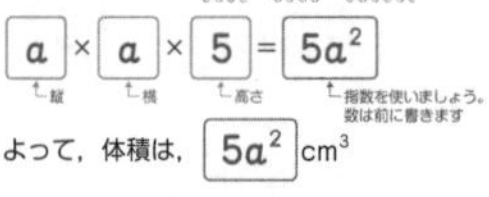

よって，体積は，$5a^2$ cm^3

ステージ 15 文字を使った式の表し方③
文字を使ってわり算を表そう！

1 次の式を，文字式の表し方にしたがって表しましょう。

(1) $y\div 9=\dfrac{y}{9}$ （←分数で書きましょう）

(2) $b\div(-2)=-\dfrac{b}{2}$

(3) $(a+6)\div 3=\dfrac{a+6}{3}$ （←分数で書きましょう。かっこはひとまとまりとみます）

(4) $(y-10)\div(-3)=-\dfrac{y-10}{3}$
（$y-10$）←1つのまとまりとみます

2 次の数量を，文字を使った式で表しましょう。

(1) xLのジュースを，同じ量ずつ10人で分けるときの，1人分の量

1人分のジュースの量は，(全体の量)÷(人数) で求められるから，

$x\div 10=\dfrac{x}{10}$ （←全体の量　←人数　←分数で書きましょう）

よって，1人分の量は，$\dfrac{x}{10}$ L

(2) 300mLのコーヒーとamLの牛乳を混ぜて作ったコーヒー牛乳を，同じ量ずつ3人で分けるときの1人あたりの量

1人あたりの量は，(全体の量)÷(人数) で求められるから，

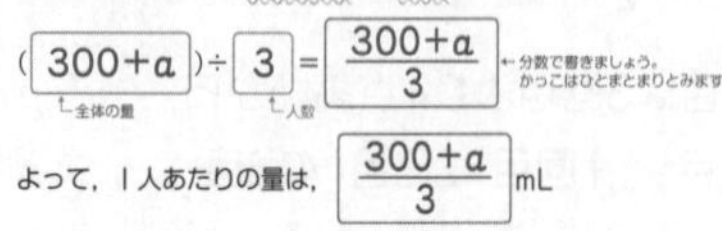

$(300+a)\div 3=\dfrac{300+a}{3}$ （←全体の量　←人数　←分数で書きましょう。かっこはひとまとまりとみます）

よって，1人あたりの量は，$\dfrac{300+a}{3}$ mL

ステージ 16 代入と式の値
代入ができるようになろう！

1 次の問いに答えましょう。

(1) $a=7$のとき，次の式の値を求めましょう。

① $a-5=7-5$ （$a=7$を代入）
$=2$

② $a+13=7+13$
$=20$

(2) $a=4$のとき，次の式の値を求めましょう。

① $3a+3=3\times 4+3$ （$a=4$を代入）
$=12+3$
$=15$

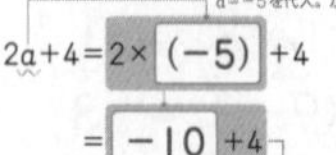

② $5a-12=5\times 4-12$
$=20-12$
$=8$

(3) $a=-5$のとき，次の式の値を求めましょう。

① $2a+4=2\times(-5)+4$ （$a=-5$を代入。かっこをつけます）
$=-10+4$
$=-6$

② $-3a-4=-3\times(-5)-4$
$=15-4$
$=11$
かっこをつけて代入

(4) $a=-2$のとき，次の式の値を求めましょう。

① $-3a^2+3=-3\times(-2)^2+3$ （$a=-2$を代入。かっこをつけて2乗します）
$=-3\times 4+3$
$=-12+3$
$=-9$

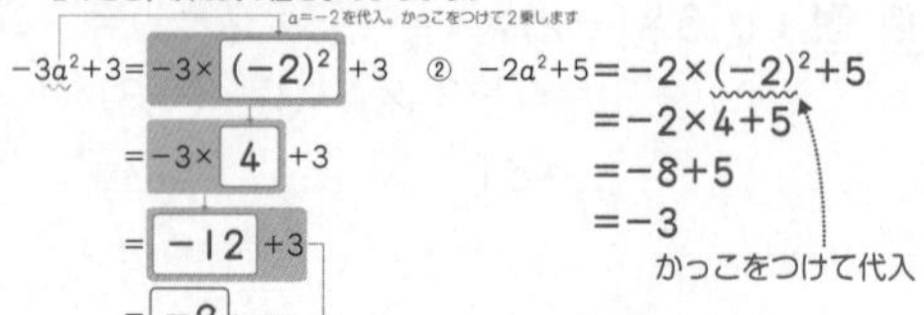

② $-2a^2+5=-2\times(-2)^2+5$
$=-2\times 4+5$
$=-8+5$
$=-3$
かっこをつけて代入

ステージ 17
項と係数
項をまとめよう！

1 次の計算をしましょう。

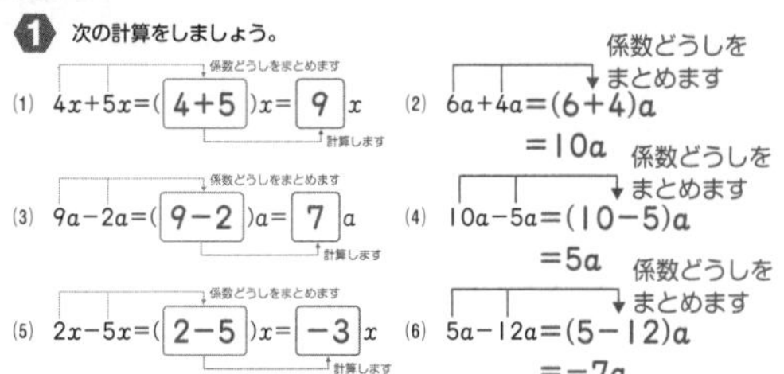

2 次の計算をしましょう。

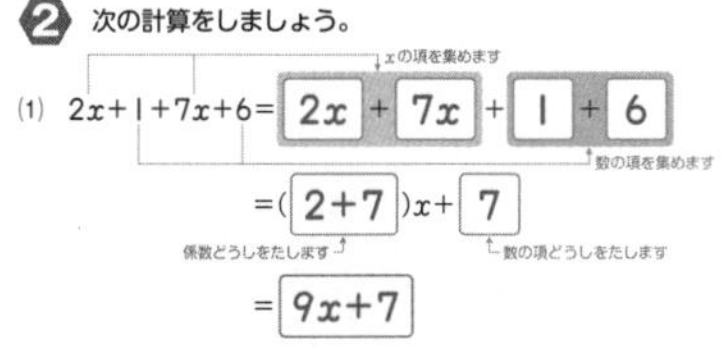

(2) $5a+3-2a+6=5a-2a+3+6$
$=(5-2)a+9$　数の項を集めます
$=3a+9$
aの項を集めます

ステージ 18
1次式の和・差
式どうしをたそう，ひこう！

1 次の計算をしましょう。

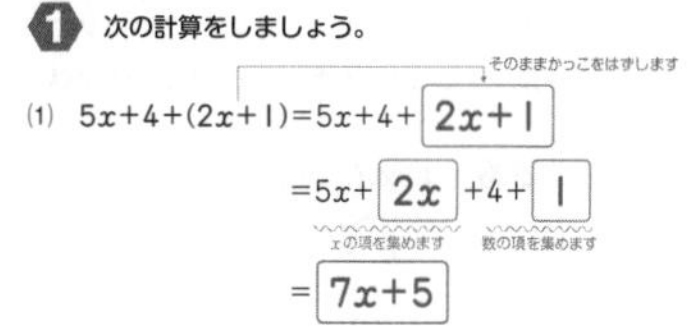

(2) $3x+6+(6x+2)=3x+6+6x+2$
$=3x+6x+6+2$　そのままかっこをはずします
$=9x+8$

2 次の計算をしましょう。

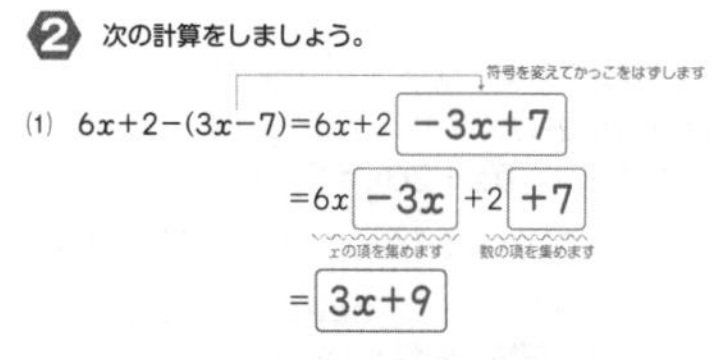

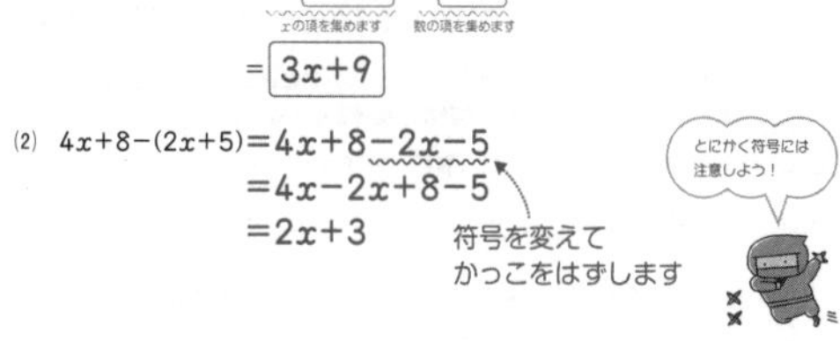

ステージ 19
1次式の積・商
文字に数をかけよう，数でわろう！

1 次の計算をしましょう。

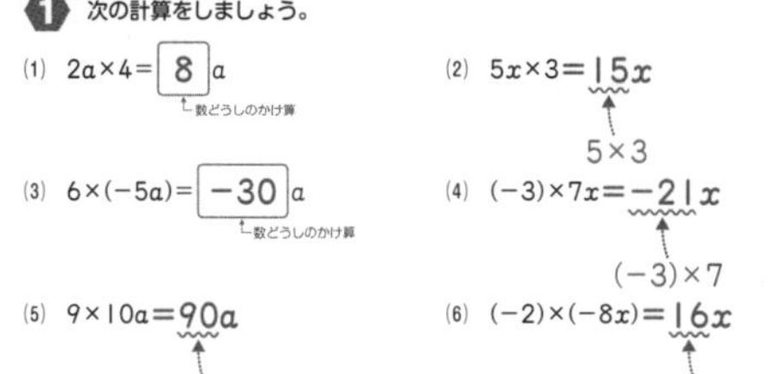

2 次の計算をしましょう。

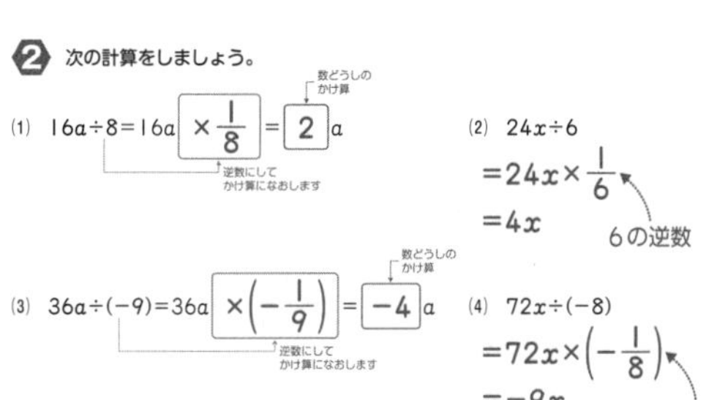

ステージ 20
分配法則
文字式のかっこのはずし方をおぼえよう！

1 次の計算をしましょう。

(1) $2(4a+1)=2\times\boxed{4a}+2\times\boxed{1}$
$=\boxed{8a}+\boxed{2}$

(2) $3(2x+4)=3\times2x+3\times4$
$=6x+12$

(3) $-4(3x-5)=-4\times\boxed{3x}+(-4)\times\boxed{(-5)}$
$=\boxed{-12x}+\boxed{20}$

2 次の計算をしましょう。

逆数にして
かけ算になおします

(1) $(8x+12)\div4=(8x+12)\boxed{\times\frac{1}{4}}$
$=\boxed{8x}\times\frac{1}{4}+\boxed{12}\times\frac{1}{4}$
$=\boxed{2x}+\boxed{3}$

(2) $(15a-20)\div5=(15a-20)\times\frac{1}{5}$
$=15a\times\frac{1}{5}-20\times\frac{1}{5}$
$=3a-4$

1つずつ，確実に
計算しよう。

ステージ 21

等式と不等式

文字を使って式に表してみよう！

1 次の数量の関係を等式で表しましょう。

(1) 1本80円の赤ペンa本と1本100円のえんぴつb本を買ったら，代金の合計は540円でした。

それぞれの代金は，(1本の値段)×(本数)で求められます。

だから，1本80円の赤ペンa本の代金は，$80\times$ a = $80a$ (円)

1本100円のえんぴつb本の代金は，$100\times$ b = $100b$ (円)

等式は，(赤ペンの代金)＋(えんぴつの代金)＝(代金の合計)だから，

$80a$ ＋ $100b$ ＝ 540

赤ペンの代金　えんぴつの代金　代金の合計

(2) 1枚10円のシールx枚と1枚20円のシールy枚を買ったら，代金の合計は250円でした。

1枚10円のシールx枚の代金は，$10\times x=10x$(円)

1枚20円のシールy枚の代金は，$20\times y=20y$(円)

代金の合計は250円だから，$10x+20y=250$

(シール1枚の値段)×(枚数)

2 1本70円の赤ペンa本と1本90円のえんぴつb本を買ったら，代金の合計は500円より高くなりました。このときの数量の関係を不等式で表しましょう。

それぞれの代金は，(1本の値段)×(本数)で求められます。

だから，1本70円の赤ペンa本の代金は，$70\times$ a = $70a$ (円)

1本90円のえんぴつb本の代金は，$90\times$ b = $90b$ (円)

(赤ペンの代金)＋(えんぴつの代金)＞(500円)だから，

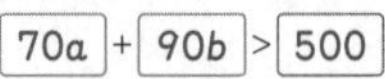

$70a$ ＋ $90b$ ＞ 500

赤ペンの代金　えんぴつの代金

赤ペンは食べられない。

確認テスト　 2章

1 (1) $-abc$　(2) $-2xy$　(3) x^4
(4) $-3y^3$　(5) $\frac{a}{8}$　(6) $\frac{x}{3}-5y$

解説 (1)×の記号ははぶく。
(2)×の記号ははぶき，数を前に書く。
(3)同じ文字どうしの積は，指数を使って表す。
(5)÷の記号は使わず分数で書く。
(6)－の記号ははぶくことができない。

2 (1) -2　(2) 17

解説 (1) $a=4$ を代入する。
$2\times4-10=8-10=-2$
(2) $a=-4$ を代入する。負の数を代入するときはかっこをつける。
$2\times(-4)^2-15=2\times16-15$
$=32-15=17$

3 (1) $2a$　(2) $5x$　(3) $-7b$
(4) $7a+3$　(5) $3x+2$
(6) $-2a-10$

解説 (1) $a+a=(1+1)a=2a$
(2) $10x-5x=(10-5)x=5x$
(3) $8b-15b=(8-15)b=-7b$
(4) $3a+1+4a+2=3a+4a+1+2=7a+3$
(5) $x+6+2x-4=x+2x+6-4=3x+2$
(6) $8a-3-10a-7=8a-10a-3-7$
$=-2a-10$

4 (1) $5x+7$　(2) $13x-7$
(3) $x-7$　(4) $-2x-1$

解説 (1)かっこの前が＋のときは，そのままかっこをはずす。
$3x+2+(2x+5)=3x+2+2x+5$
$=3x+2x+2+5$
$=5x+7$
(2) $4x-2+(9x-5)=4x-2+9x-5$
$=4x+9x-2-5$
$=13x-7$
(3)かっこの前が－のときは，符号(ふごう)を変えてかっこをはずす。
$4x+1-(3x+8)=4x+1-3x-8$
$=4x-3x+1-8$
$=x-7$
(4) $8x-5-(10x-4)=8x-5-10x+4$
$=8x-10x-5+4$
$=-2x-1$

5 (1) $9x$　(2) $-10x$　(3) $18b$
(4) $3a$　(5) $-9a$　(6) $7x$

6 (1) $15x+3$　(2) $-27x+18$
(3) $2x+3$　(4) $2a-6$

解説 分配法則を使ってかっこをはずす。
(1) $3(5x+1)=3\times5x+3\times1=15x+3$
(3) $(20x+30)\div10=(20x+30)\times\frac{1}{10}$
$=20x\times\frac{1}{10}+30\times\frac{1}{10}$
$=2x+3$

7 (1) $60x+90y=1290$
(2) $120a+150b\geqq500$

解説 (1)(お茶の代金)＋(ジュースの代金)＝1290(円)となる。
(2)(手裏剣(しゅりけん)の代金)＋(まきびしの代金)≧500(円)となる。

数魔小太郎からの挑戦状

答え ①250　②a　③ケーキ
④代金　⑤150　⑥b
⑦プリン　⑧代金　⑨a
⑩b　⑪代金　⑫1000円

解説 (書いてみよう！の例)
250円のケーキa個と150円のプリンb個を買ったときの代金の合計は，1000円以上です。

ステージ 22

方程式とその解①

方程式について知ろう！

1 1，2，3のうち，方程式$2x-3=1$の解はどれですか。

左辺に，$x=1$，$x=2$，$x=3$を代入して，左辺＝右辺になる値を探します。

①$x=1$を代入すると，左辺は，$2\times\boxed{1}-3=\boxed{2}-3=\boxed{-1}$

右辺は1なので，左辺と右辺の値は等しくない。

②$x=2$を代入すると，左辺は，$2\times\boxed{2}-3=\boxed{4}-3=\boxed{1}$

右辺は1なので，左辺と右辺の値は等しい。

③$x=3$を代入すると，左辺は，$2\times\boxed{3}-3=\boxed{6}-3=\boxed{3}$

右辺は1なので，左辺と右辺の値は等しくない。

だから，方程式$2x-3=1$の解は，$x=\boxed{2}$

2 1，2，3のうち，方程式$5x+3=13$の解はどれですか。

$x=1$のとき，$5\times1+3=5+3=8$

$x=2$のとき，$5\times2+3=10+3=13$

$x=3$のとき，$5\times3+3=15+3=18$

だから，方程式$5x+3=13$の解は，$x=2$

ステージ 23

方程式とその解②

等式の性質をおぼえよう！

1 次の方程式を解きましょう。

(1) $x-7=2$

$x-7+\boxed{7}=2+\boxed{7}$

左辺をxだけにします　左辺と同じ数をたします

$x=\boxed{9}$

(2) $x-10=20$

$x-10+10=20+10$

$x=30$

左辺と同じ数をたします

(3) $x+5=15$

$x+5-\boxed{5}=15-\boxed{5}$

左辺をxだけにします　左辺と同じ数をひきます

$x=\boxed{10}$

(4) $x+4=10$

$x+4-4=10-4$

$x=6$

左辺と同じ数をひきます

(5) $3x=15$

$3x\div\boxed{3}=15\div\boxed{3}$

左辺をxだけにします　左辺と同じ数でわります

$x=\boxed{5}$

(6) $7x=21$

$7x\div7=21\div7$

$x=3$

左辺と同じ数でわります

ステージ 24

方程式の解き方

移項をマスターしよう！

1 次の方程式を解きましょう。

(1) $x-6=3$

数字はそのままで符号を変えます

$x=3\boxed{+6}$

$x=\boxed{9}$

(2) $x+5=8$

$x=8-5$

$x=3$

＋を－に変えます

(3) $4x=2x+10$

文字と数字はそのままで符号を変えます

$4x\boxed{-2x}=10$

$\boxed{2x}=10$

xの係数でわります

$x=\boxed{5}$

(4) $5x=3x+12$

$5x-3x=12$

$2x=12$

$x=6$

＋を－に変えます

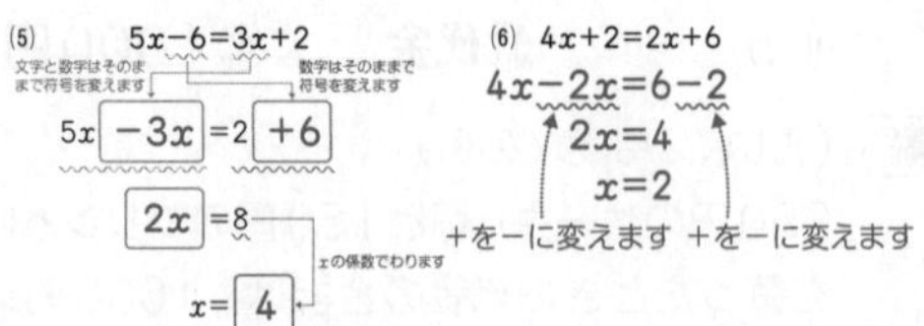

(5) $5x-6=3x+2$

文字と数字はそのままで符号を変えます　数字はそのままで符号を変えます

$5x\boxed{-3x}=2\boxed{+6}$

$\boxed{2x}=8$

xの係数でわります

$x=\boxed{4}$

(6) $4x+2=2x+6$

$4x-2x=6-2$

$2x=4$

$x=2$

＋を－に変えます　＋を－に変えます

ステージ 25

いろいろな方程式①

かっこや小数をふくむ方程式を解こう！

1 次の方程式を解きましょう。

(1) $8x-10=3(2x+4)$

①$3\times2x$　②$3\times4$

$8x-10=\boxed{6x}+\boxed{12}$

$8x-6x=12+10$

$2x=22$

$x=\boxed{11}$

(2) $2(x+1)=4(x+4)$

$2x+2=4x+16$

$2x-4x=16-2$

$-2x=14$

$x=-7$

両辺ともかっこをはずします

2 次の方程式を解きましょう。

(1) $0.3x-0.8=0.5x+1$

$0.3x\times10-0.8\times10=0.5x\times10+1\times10$

$\boxed{3x}-\boxed{8}=\boxed{5x}+\boxed{10}$

$3x-5x=10+8$

$-2x=18$

$x=\boxed{-9}$

(2) $0.03x+0.07=0.04x-0.05$

$3x+7=4x-5$

$3x-4x=-5-7$

$-x=-12$

$x=12$

小数第2位までなので，100をかけます

ステージ 26 いろいろな方程式②

分数をふくむ方程式と比例式を解こう!

1 次の方程式を解きましょう。

(1) $\frac{1}{3}x=\frac{1}{4}x+2$

$\frac{1}{3}x\times12=\frac{1}{4}x\times12+2\times12$

$4x=3x+24$

$4x-3x=24$

$x=24$

(2) $\frac{1}{2}x=\frac{1}{6}x+3$

$\frac{1}{2}x\times6=\frac{1}{6}x\times6+3\times6$

$3x=x+18$

$3x-x=18$

$2x=18$

$x=9$

2と6の最小公倍数は6

2 次の比例式を解きましょう。

(1) $x:4=3:2$ ($x\times2$, 4×3)

$2x=12$

$x=6$

(2) $x:6=2:3$

$3x=12$

$x=4$

$x\times3$　6×2

ステージ 27 1次方程式の利用①

個数と代金の文章題を解こう!

1 1個20円のあめと1個50円のチョコレートをあわせて10個買ったところ，代金の合計は410円でした。あめとチョコレートをそれぞれ何個買いましたか。

数の関係をつかむ

あめの代金は，(あめ1個の値段)×(買った個数)
チョコレートの代金は，(チョコレート1個の値段)×(買った個数)
合計が 410 円

xとおく

あめの個数をx個とおきます。
(あめの個数)+(チョコレートの個数)=10だから，チョコレートの個数は，($10-x$)個

式をつくる

(あめの代金)+(チョコレートの代金)=(代金の合計)だから，

$20x+50(10-x)=410$

方程式を解く

方程式を解くと，

$20x+50(10-x)=410$

$20x+500-50x=410$

$20x-50x=410-500$

$-30x=-90$

$x=3$

求める答えになおす

チョコレートの個数は，10−3= 7 より， 7 個です。

だから，買ったあめの個数は 3 個，チョコレートの個数は 7 個です。

この解は問題にあっています。

おつかれさま☆

ステージ 28 1次方程式の利用②

速さの文章題を解こう!

1 増太郎は，分速80mで家から駅に向かって歩きました。増太郎が出発してから2分後に小太郎が分速100mで走って増太郎を追いかけはじめ，その後追いつきました。小太郎が増太郎に追いついたのは，小太郎が出発してから何分後ですか。

数の関係をつかむ

増太郎が進む道のりは，
　(増太郎の速さ)×(進んだ時間)
小太郎が進む道のりは，
　(小太郎の速さ)×(進んだ時間)
同じ

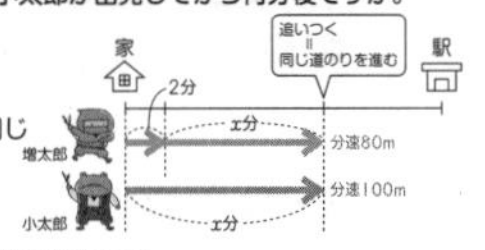

xとおく

図のように，小太郎が進んだ時間をx分とおきます。
増太郎は，小太郎の2分前に出発しているから，増太郎が進んだ時間は，
(増太郎の方が2分長く進んでいます)
($x+2$)分

式をつくる

(増太郎が進む道のり)=(小太郎が進む道のり)だから，

$80(x+2)=100x$

方程式を解く

方程式を解くと，

$80(x+2)=100x$

$80x+160=100x$

$80x-100x=-160$

$-20x=-160$

$x=8$

求める答えになおす

だから，小太郎が増太郎に追いつくのは，小太郎が出発してから 8 分後です。

この解は問題にあっています。

確認テスト　3章

1 (1)$x=11$　(2)$x=5$　(3)$x=22$
(4)$x=14$　(5)$x=6$　(6)$x=18$
(7)$x=-5$　(8)$x=2$　(9)$x=-22$
(10)$x=3$

解説 (1)$x-3=8$
$x=8+3$
$x=11$

(2)$x+5=10$
$x=10-5$
$x=5$

(7) $5x+2=3x-8$
$5x-3x=-8-2$
$2x=-10$
$x=-5$

(8) $7x-4=2x+6$
$7x-2x=6+4$
$5x=10$
$x=2$

2 (1)$x=-13$　(2)$x=15$

解説 (1) $4x-5=3(2x+7)$
$4x-5=6x+21$
$4x-6x=21+5$
$-2x=26$
$x=-13$

(2) $0.4x-0.5=0.3x+1$
$0.4x\times10-0.5\times10=0.3x\times10+1\times10$
$4x-5=3x+10$
$4x-3x=10+5$
$x=15$

3 (1)$x=36$　(2)$x=10$

解説 (1)両辺に6と9の最小公倍数18をかける。
$\frac{1}{6}x=\frac{1}{9}x+2$
$\frac{1}{6}x\times18=\frac{1}{9}x\times18+2\times18$
$3x=2x+36$
$3x-2x=36$
$x=36$

(2)$x:5=8:4$
$4x=40$
$x=10$

4 えんぴつ4本，赤ペン2本

解説 買ったえんぴつの本数をx本とおくと，買った赤ペンの本数は，$(6-x)$本である。
(えんぴつの代金)＋(赤ペンの代金)＝360円
だから，
$50x+80(6-x)=360$
これを解くと，
$50x+480-80x=360$
$50x-80x=360-480$
$-30x=-120$
$x=4$
だから，買ったえんぴつは4本，買った赤ペンは，$6-4=2$(本)とわかる。
この解は，問題にあっている。

5 8分後

解説 増太郎(ますたろう)が進んだ時間をx分とおく。
小太郎(こたろう)は，増太郎より6分早く出発しているので，小太郎が進んだ時間は，
$(x+6)$分である。
小太郎が進む道のりと増太郎が進む道のりは等しく，(道のり)＝(速さ)×(時間)だから，
$40(x+6)=70x$
これを解くと，$x=8$
この解は，問題にあっている。

数魔小太郎からの挑戦状

答え **計算過程①で，分母の最小公倍数24をかけてはいけない。**

解説 等式の変形ではないので，分母をはらってはいけない。
(正しい計算をしてみよう！の答え)
$\frac{5}{4}x+\frac{1}{6}-\frac{5}{3}-\frac{7}{8}x$
$=\frac{5}{4}x-\frac{7}{8}x+\frac{1}{6}-\frac{5}{3}$
$=\frac{10}{8}x-\frac{7}{8}x+\frac{1}{6}-\frac{10}{6}$
$=\frac{3}{8}x-\frac{9}{6}$
$=\frac{3}{8}x-\frac{3}{2}$

ステージ 29 関数
関数について知ろう！

1 水そうに，毎分5Lずつ水を入れるとき，x分間で入った水の量をyLとします。

(1) xとyの関係を，次の表にまとめましょう。

x	1	2	3	4	5
y	5	10	15	20	25

1分間に5Lの水が入る

(2) yはxの関数であるといえますか。
xの値を決めると，yの値は1つに決まることがわかります。
だから，［yはxの関数である］といえます。

2 次のxとyについて，yはxの関数であるといえるかをそれぞれ答えましょう。

(1) 1辺が$x$cmの正方形の面積$y$cm^2
正方形の面積は，(1辺)×(1辺)で求められます。
1辺が1cmのとき1×1=1(cm^2)，2cmのとき2×2=4(cm^2)，
3cmのとき3×3=9(cm^2)，…のように，1辺の長さ$x$cmを決めると，
面積$y$cm^{2}は1つに決まります。
だから，［yはxの関数である］といえます。

(2) x歳(さい)の人の体重$y$kg
同じ年齢(ねんれい)の人でも，体重は人によってちがいます。
つまり，年齢x歳を決めても，体重$y$kgは1つに決まりません。
だから，［yはxの関数ではない］といえます。

ステージ 30 比例する量
比例についてもっと知ろう！

1 水そうに，毎分6Lずつ水を入れるとき，x分間で入った水の量をyLとします。

(1) yをxの式で表しましょう。
1分後の水の量 … 6×1=6(L)
2分後の水の量 … 6×2=12(L)
3分後の水の量 … 6×3=18(L)
} 6×(時間)=(水の量)
⋮
x分後の水の量 … 6×［x］=［$6x$］(L)
だから，式は［$y=6x$］と表すことができます。

(2) 10分間で入った水の量を求めましょう。
$y=6x$に，$x=$［10］を代入して求めます。→ $y=6×$［10］=［60］
だから，10分間で入った水の量は，［60］Lです。

2 yがxに比例するとき，yをxの式で表しましょう。

(1) $x=3$のとき$y=12$
比例の式$y=ax$に，$x=3$，$y=12$を代入します。
［12］$=a×$［3］
［$3a$］$=12$
$a=$［4］ ← 12÷3=4
式は，［$y=4x$］

(2) $x=2$のとき$y=4$
$y=ax$に$x=2$，$y=4$を代入して，
$4=a×2$
$2a=4$
$a=2$ ← 4÷2=2
式は，$y=2x$

ステージ 31 座標
座標の表し方をおぼえよう！

1 次の点の座標を求めましょう。

(1) 点Aの座標
右図より，x座標は［2］
y座標は［4］
よって，(［2］，［4］)
x座標 y座標

(2) 点Bの座標
右図より，x座標は［−1］
y座標は［−3］
よって，［(−1，−3)］

2 次の点をかきましょう。

(1) C(2，4)
点Cは，原点Oから，
右へ［2］，上へ［4］進んだ点
だから，

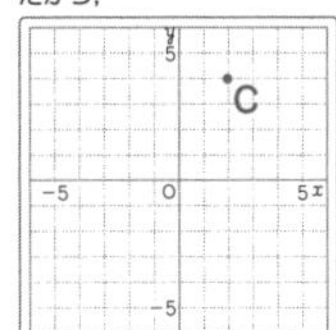

(2) D(4，−3)
点Dは，原点Oから，
右へ［4］，下へ［3］進んだ点
だから，

ステージ 32 比例のグラフ
比例のグラフのかき方をおぼえよう！

1 次の比例のグラフをかきましょう。

(1) $y=4x$
$y=4x$に，$x=1$を代入すると，
$y=4×$［1］=［4］
つまり，$y=4x$のグラフは，
原点と点(［1］，［4］)の2点を通ります。
2点を通る直線をかきます。

(2) $y=-x$
$y=-x$に，$x=1$を代入すると，
$y=-1×$［1］=［−1］
つまり，$y=-x$のグラフは，
原点と点(［1］，［−1］)の2点を通ります。
2点を通る直線をかきます。

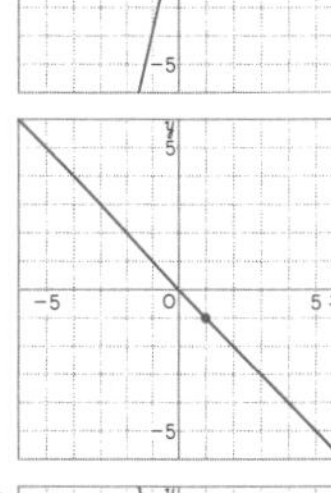

(3) $y=x$

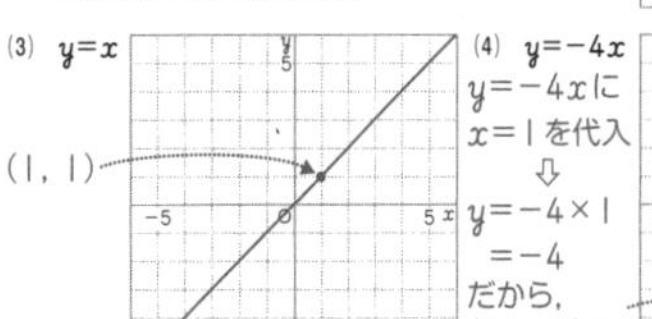

(4) $y=-4x$
$y=-4x$に
$x=1$を代入
⇩
$y=-4×1$
$=-4$
だから，
(1，−4)を
通ります

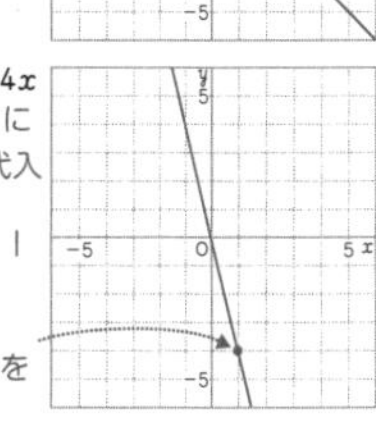

ステージ 33

反比例する量

反比例についてもっと知ろう！

1 面積が40cm²である長方形の縦の長さを$x$cm，横の長さを$y$cmとします。

(1) yをxの式で表しましょう。

(長方形の面積)＝(縦)×(横)だから，$40=$ x × y → $y=\dfrac{40}{x}$

(2) 縦が8cmのときの横の長さを求めましょう。

$y=\dfrac{40}{x}$に，$x=$ 8 を代入して求めます。→ $y=\dfrac{40}{8}=5$

だから，縦が8cmのときの横の長さは，5 cmです。

2 yがxに反比例するとき，yをxの式で表しましょう。

(1) $x=4$のとき$y=5$

反比例の式$y=\dfrac{a}{x}$に，

$x=4$，$y=5$を代入します。

$5=\dfrac{a}{4}$

$a=5\times4=20$

式は，

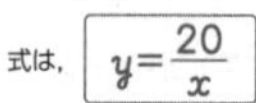

$y=\dfrac{20}{x}$

(2) $x=1$のとき$y=6$

$y=\dfrac{a}{x}$に$x=1$，$y=6$を代入して，

$6=\dfrac{a}{1}$

$a=6$ ← $6\times1=6$

式は，$y=\dfrac{6}{x}$

ステージ 34

反比例のグラフ

反比例のグラフのかき方をおぼえよう！

1 次の反比例のグラフをかきましょう。

(1) $y=\dfrac{4}{x}$

xとyの関係を表に表すと，次のようになります。

x	−4	−2	−1	0	1	2	4
y	−1	−2	−4	×	4	2	1

これらの点を通るなめらかな曲線をかきます。

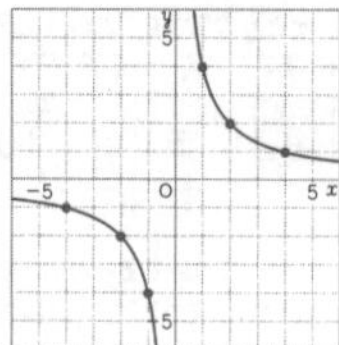

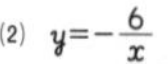

(2) $y=-\dfrac{6}{x}$

xとyの関係を表に表すと，次のようになります。

x	−6	−3	−2	−1	0	1	2	3	6
y	1	2	3	6	×	−6	−3	−2	−1

これらの点を通るなめらかな曲線をかきます。

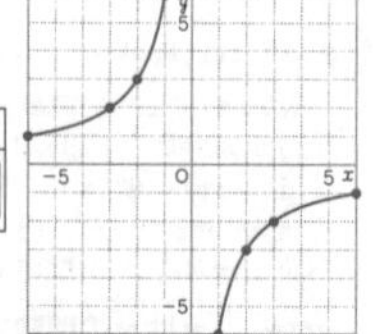

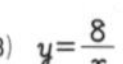

(3) $y=\dfrac{8}{x}$

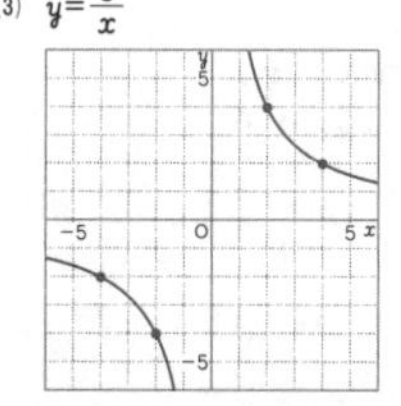

x	−4	−2	−1	0	1	2	4
y	−2	−4	−8	×	8	4	2

(4) $y=-\dfrac{12}{x}$

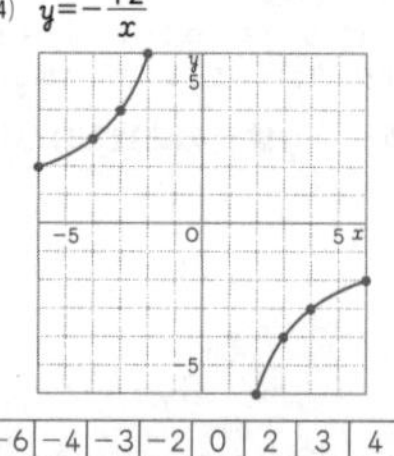

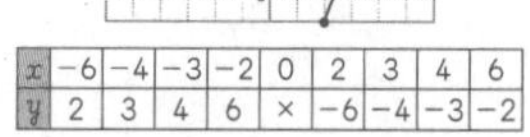

x	−6	−4	−3	−2	0	2	3	4	6
y	2	3	4	6	×	−6	−4	−3	−2

確認テスト 4章

1 ア，イ，ウ

解説 **ア**，**イ**，**ウ**は，xの値を決めると，yの値がただ1つに決まるので，yはxの関数であるといえる。
エは，例えば得意な教科と苦手な教科を同じ時間だけ勉強したとしても，テストの得点が同じだとは限らない。だから，yはxの関数であるとはいえない。

2 (1) ①…$y=80x$　②…560m
(2) ①…$y=\frac{60}{x}$　②…10分

解説 (1)①(道のり)＝(速さ)×(時間)である。
②$y=80x$に$x=7$を代入する。
$y=80\times7=560$
だから，進んだ道のりは560mとわかる。
(2)①(満水になるまでにかかる時間)
$=\frac{(\text{水そうに入る水の量})}{(\text{1分間に入れる水の量})}$
②$y=\frac{60}{x}$に$x=6$を代入する。
$y=\frac{60}{6}=10$
だから，かかった時間は10分とわかる。

3 (1)

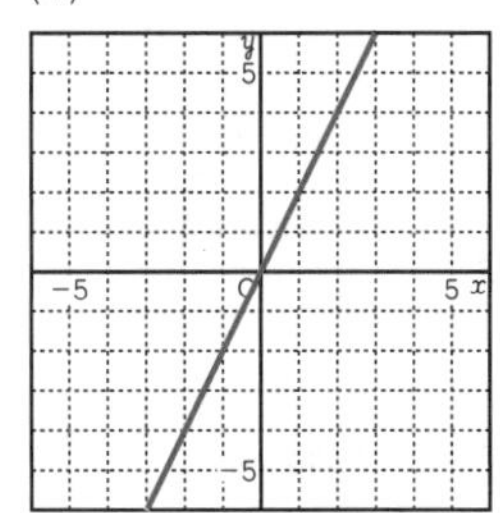

(2)

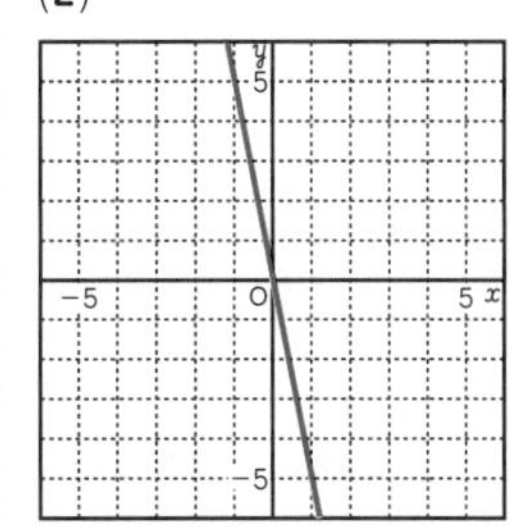

(3)

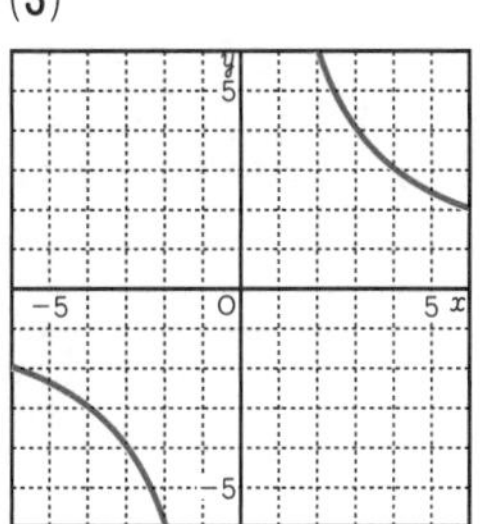

(4)

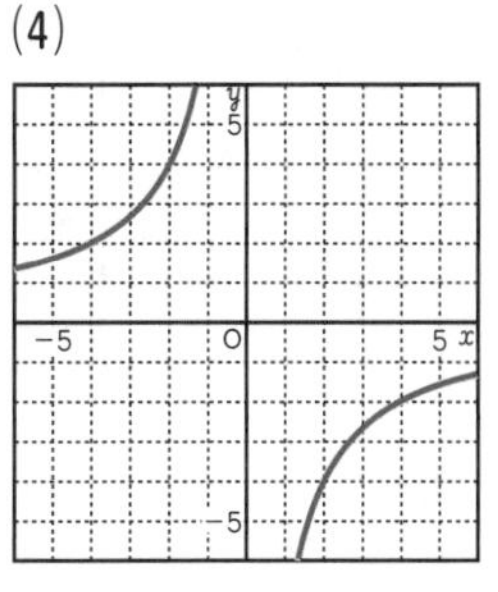

解説 (1)$y=2x$に$x=1$を代入すると，$y=2$
$y=2x$のグラフは，原点と点(1，2)を通る直線となる。
(2)$y=-5x$に$x=1$を代入すると，
$y=-5\times1=-5$
$y=-5x$のグラフは，原点と点(1，−5)を通る直線となる。
(3)

x	−6	−4	−3	−2	0	2	3	4	6
y	−2	−3	−4	−6	×	6	4	3	2

(4)

x	−4	−2	0	2	4
y	2	4	×	−4	−2

4 (1)$y=4x$　(2)$y=-4x$
(3)$y=\frac{16}{x}$

解説 (1)$y=ax$に，$x=4$，$y=16$を代入する。
$16=a\times4$　$4a=16$　$a=4$
だから，$y=4x$となる。
(2)$y=ax$に，$x=2$，$y=-8$を代入する。
$-8=a\times2$　$2a=-8$　$a=-4$
だから，$y=-4x$となる。
(3)$y=\frac{a}{x}$に，$x=4$，$y=4$を代入する。
$4=\frac{a}{4}$　$a=4\times4=16$
だから，$y=\frac{16}{x}$です。

数魔小太郎からの挑戦状

答え ①比例　②50　③$y=50x$

解説 (手裏剣(しゅりけん)の枚数を求めてみよう！の答え)
手裏剣全体の重さが1050gだから，
$y=1050$を，$y=50x$に代入すると，
$1050=50x$　$x=21$
だから，手裏剣の枚数は，21枚とわかる。

ステージ 35 図形の表し方

図形の記号や用語をおぼえよう！

1 右の図を見て，次の問題に答えましょう。

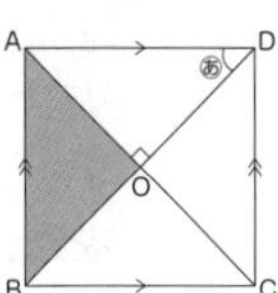

(1) あの角を記号を使って表しましょう。
角をつくる３点A，D，Oを使って，
∠ADO

(2) 色をつけた三角形を記号を使って表しましょう。
頂点である３点A，B，Oを使って，
△ABO

(3) ABとDCの関係を，記号を使って表しましょう。
ABとDCは 平行 だから，AB // DC

(4) ACとBDの関係を，記号を使って表しましょう。
ACとBDは 垂直 だから，AC ⊥ BD

2 右の図を見て，次の問題に答えましょう。

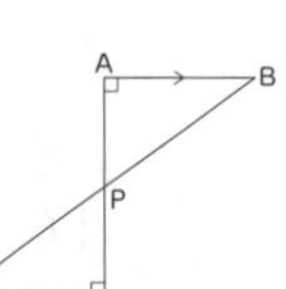

(1) 図の中にある三角形をすべて，記号を使って表しましょう。
△APB，△CDP

(2) 平行な直線の組を，記号を使って表しましょう。
AB//CD

(3) 垂直な直線の組をすべて，記号を使って表しましょう。
AB⊥AD，AD⊥CD

ステージ 36 図形の移動①

平行移動や対称移動を知ろう！

1 次の図で，△ABCを，矢印の向きに矢印の長さだけ平行移動させた△DEFをかきましょう。

(1)

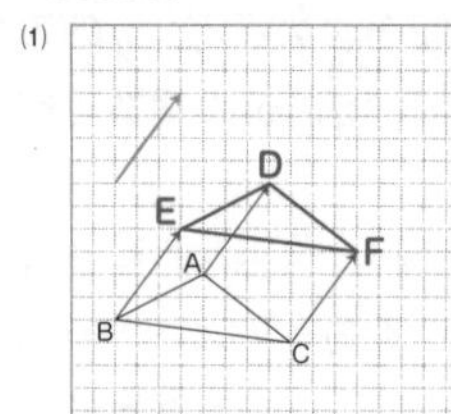

(2)

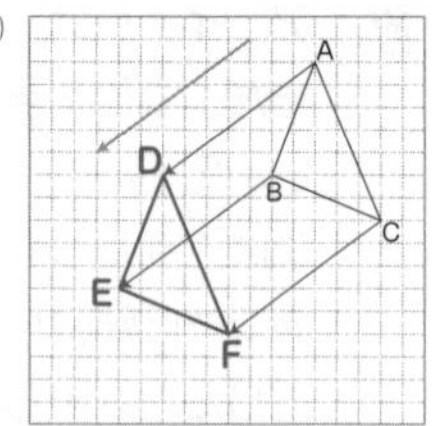

2 次の図で，△PQRを，直線ℓを対称の軸として対称移動させた△STUをかきましょう。

(1)

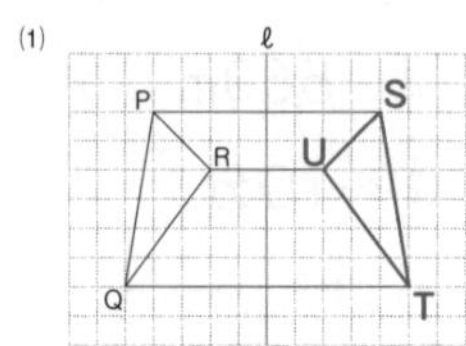

(2)

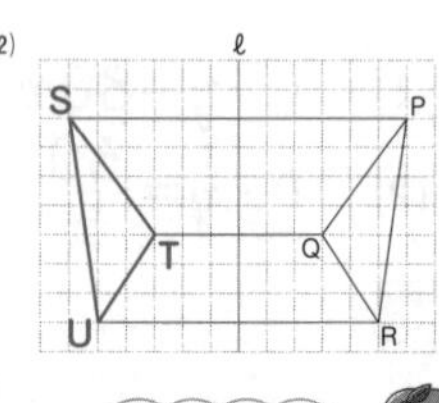

ステージ 37 図形の移動②

回転移動を知ろう！

1 次の図で，△ABCを点Oを回転の中心として，矢印の向きに90°回転移動させた△DEFをかきましょう。

(1)

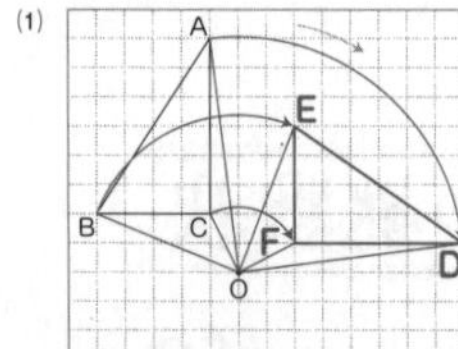

(2)

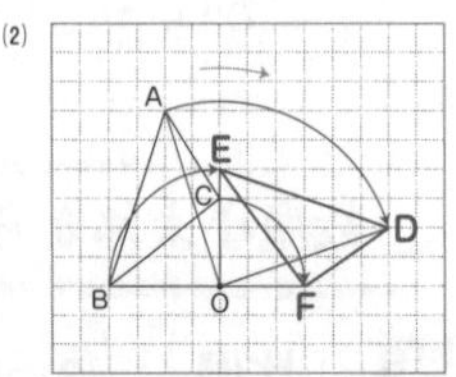

2 右の図の長方形ABCDについて，次の問いに答えましょう。

(1) 点Oを回転の中心として，△AOHを回転移動させて重なる三角形を答えましょう。
辺OHを基準に考えます。
辺OHを回転させると，点Hは点 F に重なります。
このとき，点Aは点 C に重なります。
よって，重なる三角形は，△ COF です。

(2) △OBFを回転移動させて重なる三角形を答えましょう。
△ODH
点Bは点D，点Fは点Hに重なります。

ステージ 38 垂線の作図

垂線の作図を極めよう！

1 直線ℓ上にある点Pを通り，ℓに垂直な直線を作図しましょう。

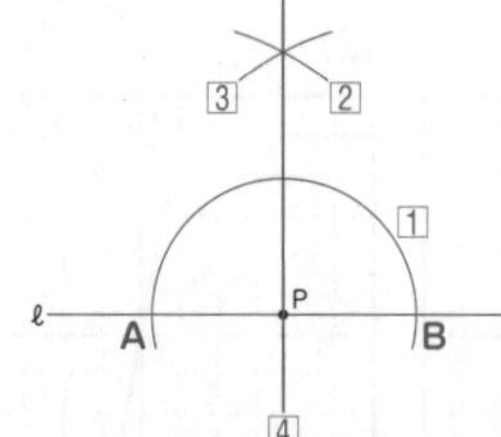

手順
1 点P中心の円をかきます
2 点A中心の円をかきます
3 点B中心の，2と同じ半径の円をかきます
4 3でできた交点と点Pを通る直線をかきます

2 直線ℓ上にない点Pを通り，ℓに垂直な直線を作図しましょう。

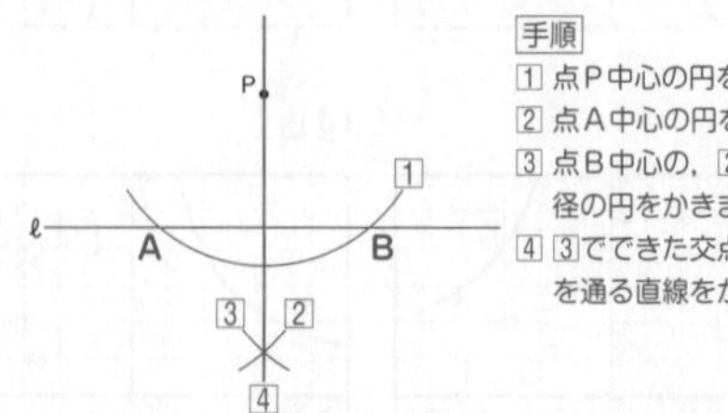

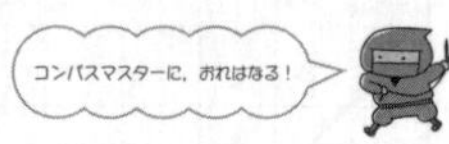

ステージ 39

二等分線の作図

垂直二等分線と角の二等分線の作図を極めよう!

1 線分ABの垂直二等分線を作図しましょう。

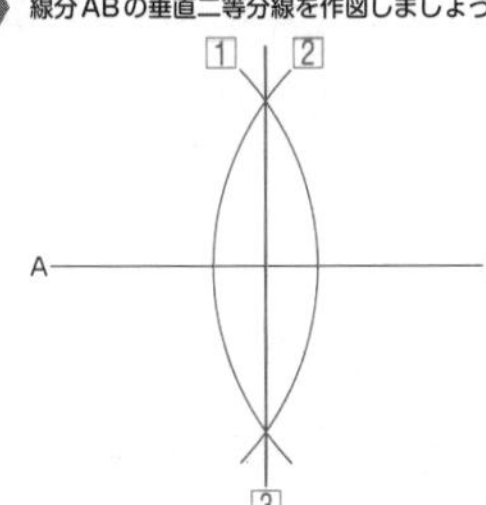

手順

1 点A中心の円をかきます
2 点B中心の，1と同じ半径の円をかきます
3 2でできた2つの交点を通る直線をかきます

2 ∠AOBの二等分線を作図しましょう。

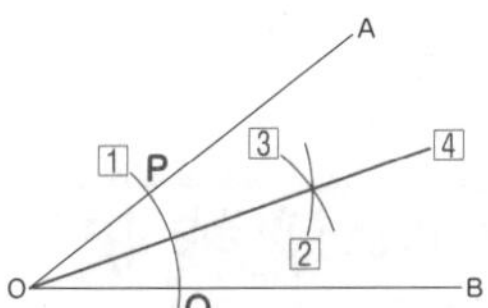

手順

1 点O中心の円をかきます
2 点P中心の円をかきます
3 点Q中心の，2と同じ半径の円をかきます
4 点Oから3でできた交点へ半直線をひきます

ステージ 40

いろいろな作図

円の接線の性質を知ろう!

1 点Pを通る円Oの接線を作図しましょう。

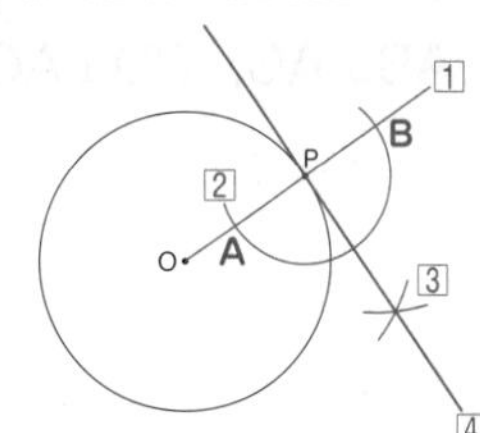

手順

1 点Oと点Pを通る直線をひきます
2 点P中心の円をかきます
3 点A，点B中心の，半径が同じ円をかきます
4 3でできた交点と点Pを通る直線をかきます

2 次の手順にそって，3点A，B，Cを通る円を作図しましょう。

手順

1 点Aと点B，点Aと点Cとをそれぞれ通る直線をかく。
2 線分ABの垂直二等分線を作図します。
3 線分ACの垂直二等分線を作図します。
4 2と3の交点を円の中心Oとして，半径がOAである円をかきます。

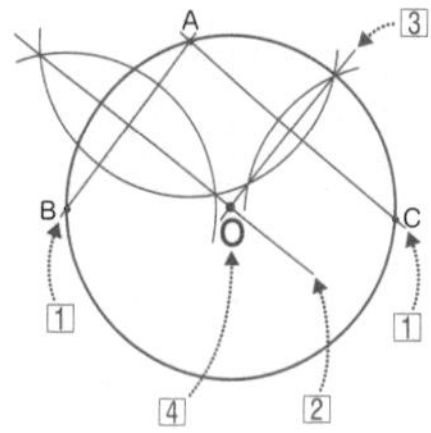

ステージ 41

おうぎ形

おうぎ形の弧の長さや面積を求めよう!

1 次のおうぎ形の弧の長さと面積を求めましょう。

(1)

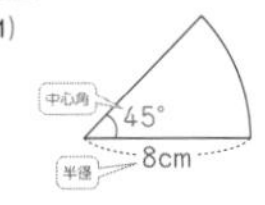

弧の長さ

$r=$ 8 ，$a=$ 45 だから，

$\ell=2\pi\times 8 \times\frac{45}{360}$

$=16\pi\times\frac{1}{8}$

$=2\pi$

弧の長さは，2π cm

面積

$r=$ 8 ，$a=$ 45 だから，

$S=\pi\times 8^2\times\frac{45}{360}$

$=64\pi\times\frac{1}{8}=8\pi$

面積は，8π cm^2

(2)

120°

9cm

弧の長さ

$\ell=2\pi\times 9\times\frac{120}{360}$

$=18\pi\times\frac{1}{3}$

$=6\pi$

弧の長さは，6πcm

$\overset{6}{\cancel{18}}\pi\times\frac{1}{\underset{1}{\cancel{3}}}$

面積

$S=\pi\times 9^2\times\frac{120}{360}$

$=81\pi\times\frac{1}{3}$

$=27\pi$

面積は，$27\pi cm^2$

$\overset{27}{\cancel{81}}\pi\times\frac{1}{\underset{1}{\cancel{3}}}$

確認テスト　

1 (1)∠APB　(2)△ABP，△CDP
(3)AB∥DC　(4)AB⊥AC，CD⊥AC

解説　(4)AB⊥AP，CD⊥PCなどでも正解。

2 (1)　(2)

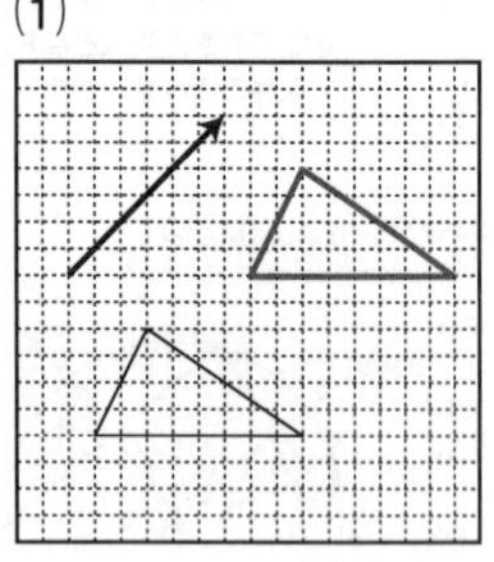

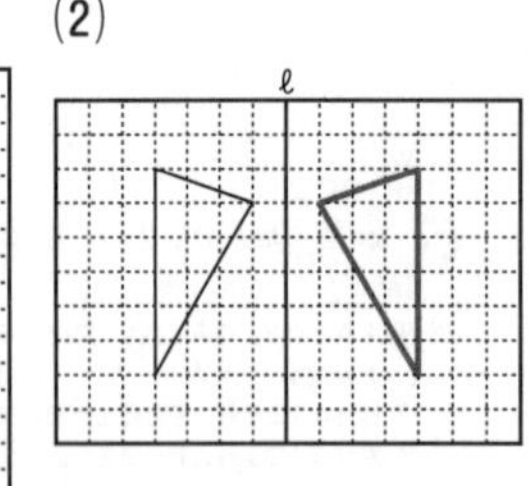

3

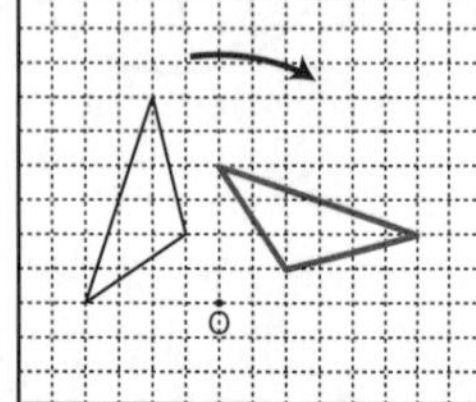

4 (1)

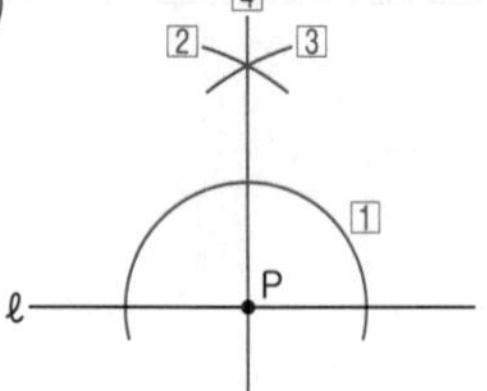

(2)

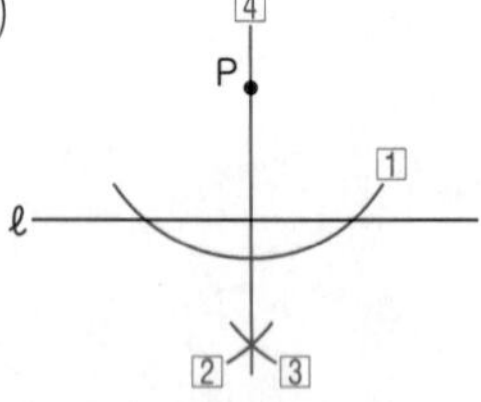

(3)

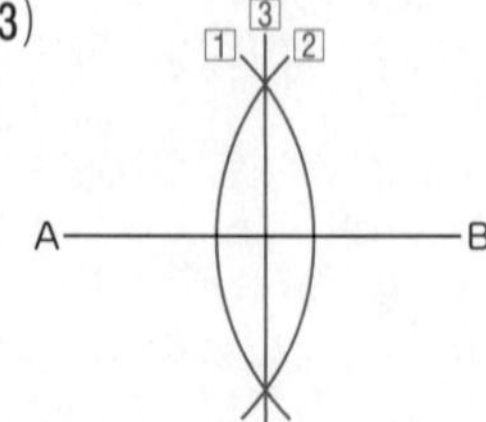

(4)

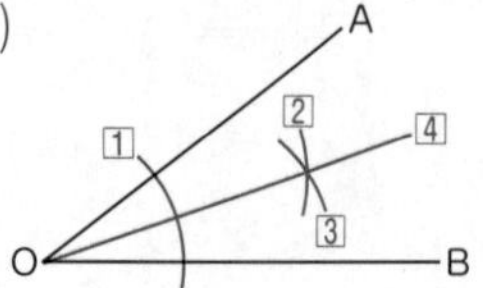

5 (1)2πcm　(2)5πcm^2

解説　(1)中心角がa°，半径がrのおうぎ形の弧(こ)の長さℓは，$\ell=2\pi r\times\frac{a}{360}$で求められる。
問題の図のおうぎ形は，$a=72$，$r=5$だから，
$\ell=2\pi\times5\times\frac{72}{360}=10\pi\times\frac{1}{5}=2\pi$(cm)
(2)中心角がa°，半径がrのおうぎ形の面積Sは，$S=\pi r^2\times\frac{a}{360}$で求められる。
$a=72$，$r=5$だから，
$S=\pi\times5^2\times\frac{72}{360}=25\pi\times\frac{1}{5}=5\pi$(cm^2)

数魔小太郎からの挑戦状

答え　①$2\pi r$　②r^2　③ℓ

解説　$\ell=2\pi r\times\frac{a}{360}$だから，

$$S=\underline{2\times\pi r\times\frac{a}{360}}\times\frac{1}{2}\times r$$
$$=\underline{\ell}\times\frac{1}{2}\times r$$
$$=\frac{1}{2}\ell r$$

ステージ 42 いろいろな立体

いろいろな立体を知ろう！

1 次の立体の名前を答えましょう。

(1)

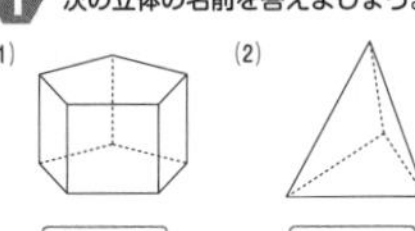

五角柱

底面が五角形の角柱

(2)

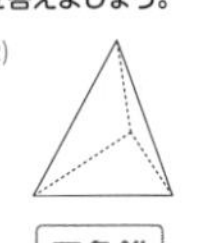

三角錐

底面が三角形の角錐

(3)

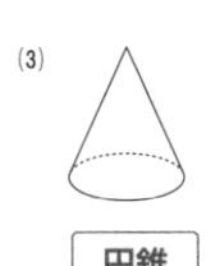

円錐

底面が円

(4)

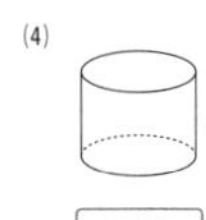

円柱

2 右の図を見て，次の表の空らんをうめましょう。

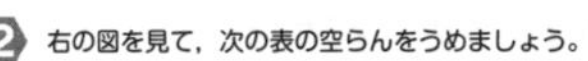

	面の形	面の数	辺の数	頂点の数
正四面体	正三角形	4	6	4
正六面体	正方形	6	12	8
正八面体	正三角形	8	12	6
正十二面体	正五角形	12	30	20
正二十面体	正三角形	20	30	12

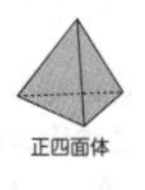

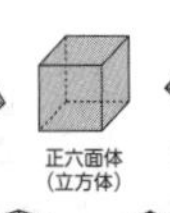

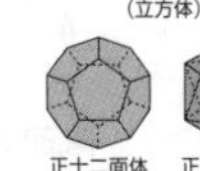

ステージ 43 直線や平面の位置関係

空間内の位置関係を知ろう！

1 右の直方体を見て，次の辺や面を答えましょう。

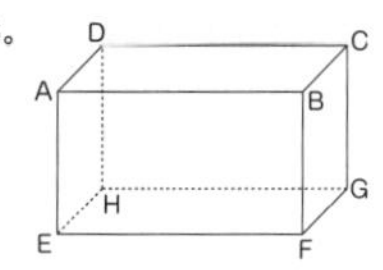

(1) 面AEHDと平行な面

面BFGC

直方体では，向かいあう面は平行

(2) 面AEHDと平行な辺

辺BF，辺FG，辺CG，辺BC

平行な面にふくまれる辺は平行

(3) 辺ADとねじれの位置にある辺

辺BF，辺CG，辺EF，辺GH

交わらず，平行でもない辺

(4) 辺BCと平行な辺

辺AD，辺FG，辺EH

見落とさないように注意

ステージ 44 動く面のつくる立体

面が動いてできる立体を考えよう！

1 次の図形を，その面と垂直な方向に，一定の距離だけ移動させたときにできる立体の名前を答えましょう。

(1) 四角形

できる立体は，四角柱です。

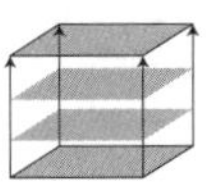

(2) 五角形

できる立体は，五角柱です。

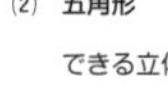

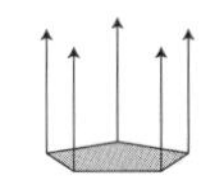

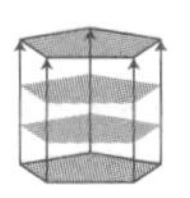

2 次の図形を，直線ℓを軸として1回転させたときにできる立体の名前を答えましょう。

(1) 長方形

できる立体は，円柱です。

(2) 半円

できる立体は，球です。

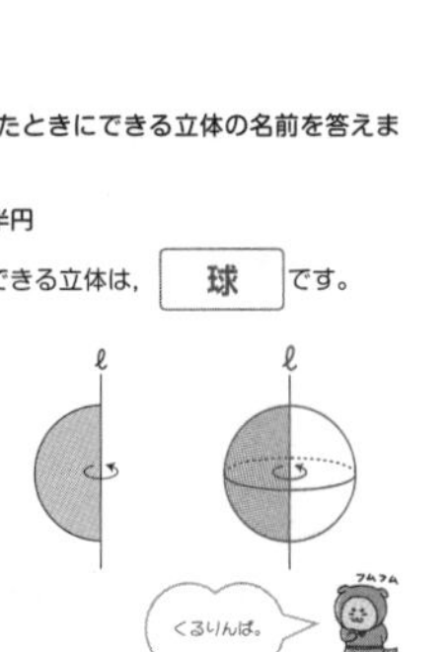

ステージ 45 立体の展開図，立体の投影図

立体をいろいろな見方で見よう！

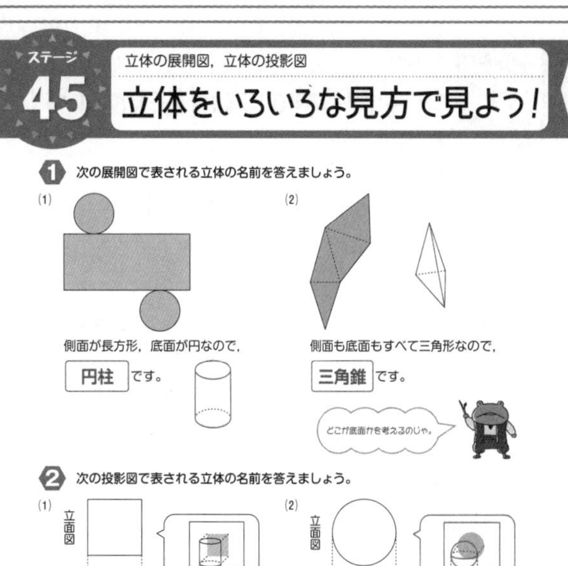

1 次の展開図で表される立体の名前を答えましょう。

(1) 側面が長方形，底面が円なので，円柱です。

(2) 側面も底面もすべて三角形なので，三角錐です。

2 次の投影図で表される立体の名前を答えましょう。

(1)

円柱

(2)

球

ステージ 46 柱の表面積
角柱や円柱の表面積を求めよう！

1 次の三角柱の表面積を求めましょう。

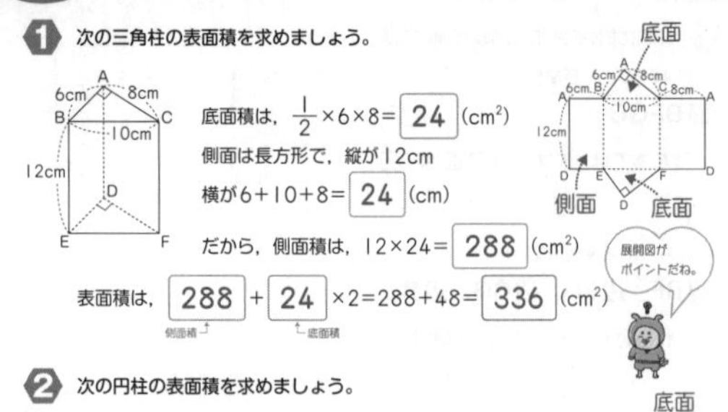

底面積は，$\frac{1}{2}\times6\times8=$ 24 (cm²)
側面は長方形で，縦が12cm
横が6+10+8= 24 (cm)
だから，側面積は，12×24= 288 (cm²)

表面積は，288（側面積）＋24（底面積）×2=288+48= 336 (cm²)

2 次の円柱の表面積を求めましょう。

(1)

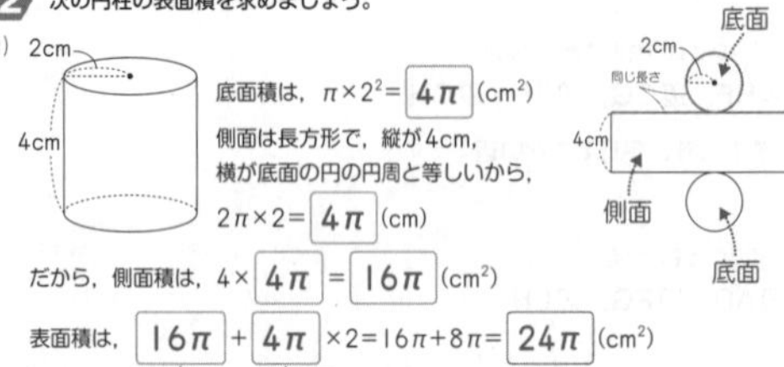

底面積は，$\pi\times2^2=$ 4π (cm²)
側面は長方形で，縦が4cm，
横が底面の円の円周と等しいから，
$2\pi\times2=$ 4π (cm)
だから，側面積は，4× 4π = 16π (cm²)
表面積は，16π（側面積）＋ 4π（底面積）×2=$16\pi+8\pi$= 24π (cm²)

(2)
底面積は，$\pi\times2^2=4\pi$(cm²)
側面の展開図の長方形は，縦が3cm，
横が底面の円の円周と等しいから，
$2\pi\times2=4\pi$(cm)
だから，側面積は，$3\times4\pi=12\pi$(cm²)
表面積は，$12\pi+4\pi\times2=20\pi$(cm²)

ステージ 47 錐の表面積
円錐の表面積を求めよう！

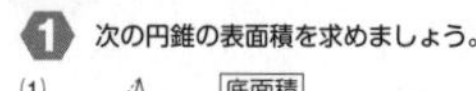

1 次の円錐の表面積を求めましょう。

(1)

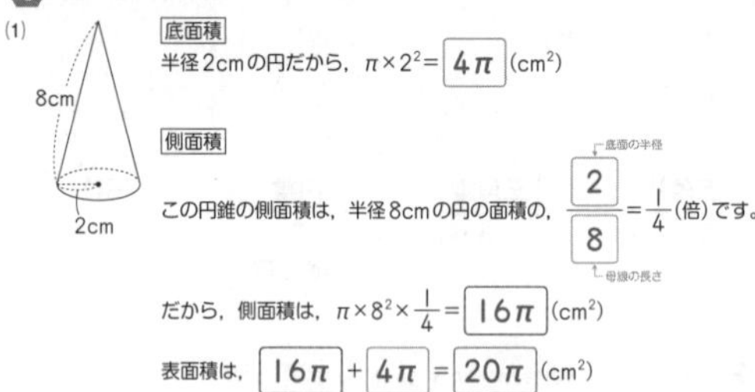

底面積
半径2cmの円だから，$\pi\times2^2=$ 4π (cm²)

側面積
この円錐の側面積は，半径8cmの円の面積の，$\frac{2}{8}$（底面の半径／母線の長さ）$=\frac{1}{4}$(倍)です。
だから，側面積は，$\pi\times8^2\times\frac{1}{4}=$ 16π (cm²)
表面積は，16π（側面積）＋ 4π（底面積）＝ 20π (cm²)

(2)

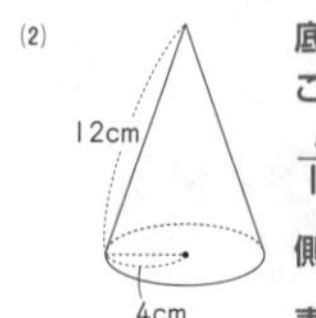

底面積は，$\pi\times4^2=16\pi$(cm²)
この円錐の側面積は，半径12cmの円の面積の
$\frac{4}{12}=\frac{1}{3}$(倍)だから，
側面積は，$\pi\times12^2\times\frac{1}{3}=48\pi$(cm²)
表面積は，$48\pi+16\pi=64\pi$(cm²)

ステージ 48 柱の体積
角柱や円柱の体積を求めよう！

1 次の三角柱の体積を求めましょう。

(1)

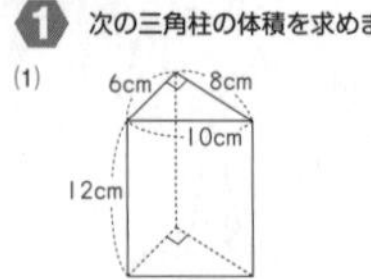

底面の三角形の面積は，
$\frac{1}{2}\times6\times8=$ 24 (cm²)
図から，高さは 12 cm
体積は，24（底面積）× 12（高さ）= 288 (cm³)

(2)
底面積は，$\frac{1}{2}\times4\times4=8$(cm²)
高さは5cmだから，
体積は，$8\times5=40$(cm³)
（底面積　高さ）

2 次の円柱の体積を求めましょう。

(1)

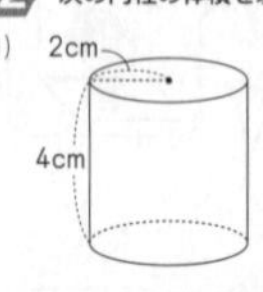

底面の円の面積は，$\pi\times2^2=$ 4π (cm²)
図から，高さは 4 cm

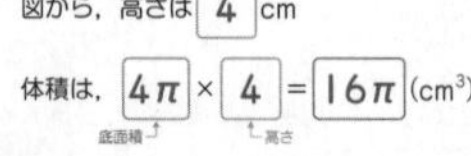

体積は，4π（底面積）× 4（高さ）= 16π (cm³)

(2)

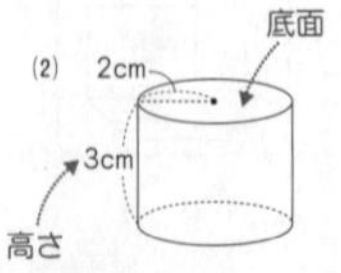

底面積は，$\pi\times2^2=4\pi$(cm²)
高さは3cmだから，
体積は，$4\pi\times3=12\pi$(cm³)

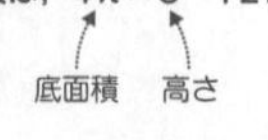

ステージ 49 錐の体積
角錐や円錐の体積を求めよう！

1 次の三角錐の体積を求めましょう。

(1)

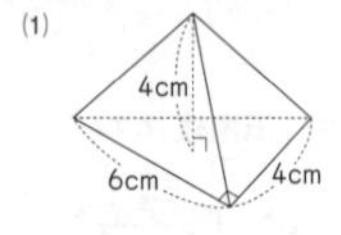

底面の三角形の面積は，
$\frac{1}{2}\times4\times6=$ 12 (cm²)
図から，高さは 4 cm
体積は，

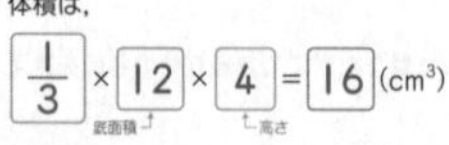

$\frac{1}{3}$ × 12（底面積）× 4（高さ）= 16 (cm³)

(2)
底面積は，
$\frac{1}{2}\times6\times9=27$(cm²)
高さは10cmだから，
体積は，
$\frac{1}{3}\times27\times10=90$(cm³)
（底面積　高さ）

2 次の円錐の体積を求めましょう。

(1)

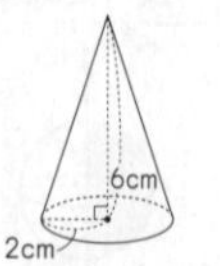

底面の円の面積は，$\pi\times2^2=$ 4π (cm²)
図から，高さは 6 cm
体積は，
$\frac{1}{3}$ × 4π（底面積）× 6（高さ）= 8π (cm³)

(2)

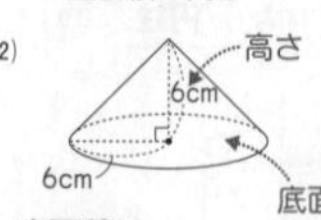

底面積は，
$\pi\times6^2=36\pi$(cm²)
高さは6cmだから，
体積は，
$\frac{1}{3}\times36\pi\times6=72\pi$(cm³)
（底面積　高さ）

ステージ 50

球の表面積と体積

球の表面積や体積を求めよう！

1 次の球の表面積を求めましょう。

(1)

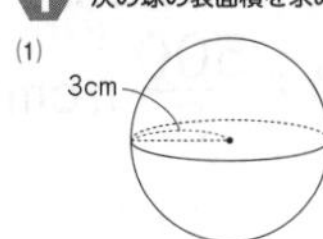

球の半径は，$\boxed{3}$ cm

だから，表面積は，

$4\pi\times\boxed{3}^2=4\pi\times9$

$=\boxed{36\pi}\ (cm^2)$

(2)

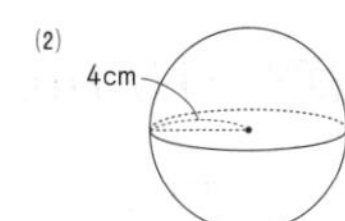

$4\pi\times4^2=64\pi(cm^2)$

半径　$4\pi\times16=64\pi$

2 次の球の体積を求めましょう。

(1)

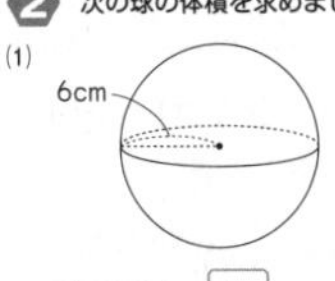

球の半径は，$\boxed{6}$ cm

だから，体積は，

$\frac{4}{3}\pi\times\boxed{6}^3=\frac{4}{3}\pi\times216$

$=\boxed{288\pi}\ (cm^3)$

(2)

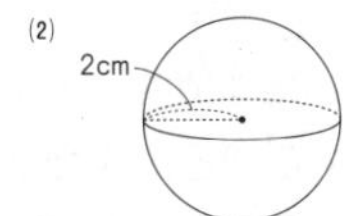

$\frac{4}{3}\pi\times2^3=\frac{32}{3}\pi(cm^3)$

半径

$\frac{4}{3}\pi\times8=\frac{32}{3}\pi$

確認テスト　6章

1 (1)六角柱　(2)四角錐　(3)球

解説 (1)底面が六角形の角柱なので，六角柱である。
(2)底面が四角形の角錐なので，四角錐である。

2 (1)面DHGC
(2)辺DH，辺HG，辺GC，辺CD
(3)辺AB，辺DC，辺BF，辺CG

解説 (3)交わらず，平行でもない辺をねじれの位置にある辺という。

3 (1)円柱　(2)円錐

解説 面が動くようすをイメージする。

(1)

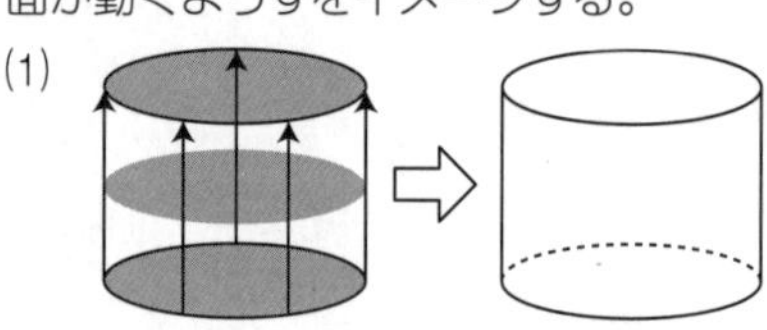

(2)

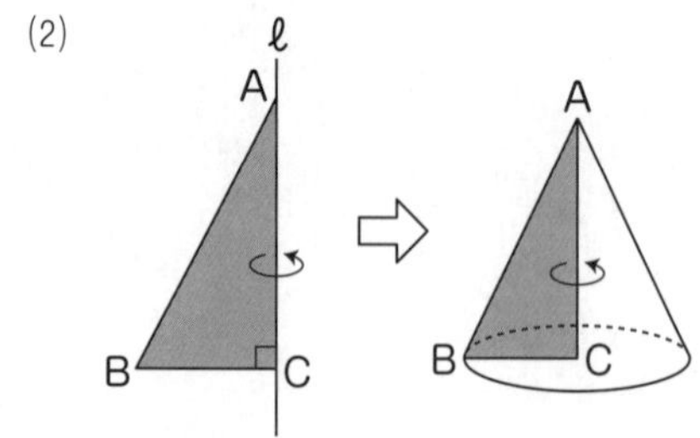

4 (1)四角錐　(2)円錐

解説 (1)底面が四角形，側面がすべて三角形だから，四角錐である。
(2)真上から見ると円，正面から見ると三角形だから，円錐である。

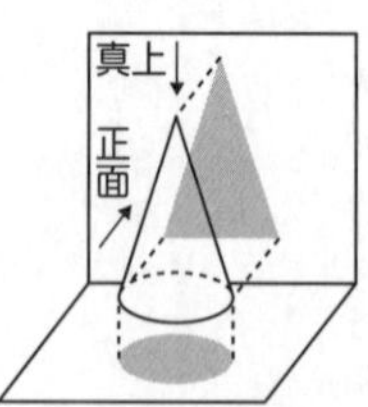

5 (1)表面積…$96cm^2$　体積…$42cm^3$
(2)表面積…$56\pi cm^2$　体積…$48\pi cm^3$
(3)表面積…$24\pi cm^2$　体積…$12\pi cm^3$
(4)表面積…$100\pi cm^2$　体積…$\frac{500}{3}\pi cm^3$

解説 (1) 表面積　底面積は，$\frac{1}{2}\times3\times4=6(cm^2)$
側面積は，$7\times(3+4+5)=84(cm^2)$
だから，表面積は，$84+6\times2=96(cm^2)$
体積　高さは7cmだから，体積は，
$6\times7=42(cm^3)$

(2) 表面積　底面積は，$\pi\times4^2=16\pi(cm^2)$
側面積は，$3\times(2\pi\times4)=24\pi(cm^2)$
だから，表面積は，
$24\pi+16\pi\times2=56\pi(cm^2)$
体積　高さは3cmだから，体積は，
$16\pi\times3=48\pi(cm^3)$

(3) 表面積　底面積は，$\pi\times3^2=9\pi(cm^2)$
側面積は，$\pi\times5^2\times\frac{3}{5}=15\pi(cm^2)$
だから，表面積は，$15\pi+9\pi=24\pi(cm^2)$
体積　高さは4cmだから，体積は，
$\frac{1}{3}\times9\pi\times4=12\pi(cm^3)$

(4) 表面積　$4\pi\times5^2=100\pi(cm^2)$
体積　$\frac{4}{3}\pi\times5^3=\frac{500}{3}\pi(cm^3)$

数魔小太郎からの挑戦状

答え ①線分　②線分

解説 （答えをかこう！の答え）

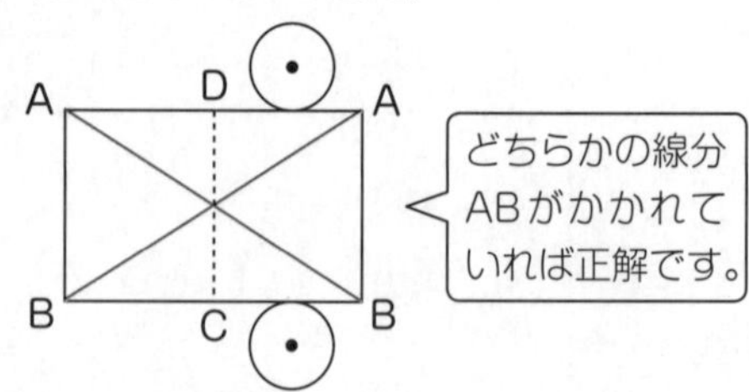

ステージ 51

データの分析

データを整理して分析しよう！

1 右の資料は，20人の生徒がテストを受けた結果を表しています。

4	16	28	21	28	16	12	15	15	9
29	11	8	15	14	19	20	29	13	16

(1) 右の度数分布表に表しましょう。

各階級の度数を調べると，

0点以上5点未満は，1人

5点以上10点未満は，2人

10点以上15点未満は，4人

15点以上20点未満は，7人

20点以上25点未満は，2人

25点以上30点未満は，4人

階級(点)	度数(人)
以上 未満 0～5	1
5～10	2
10～15	4
15～20	7
20～25	2
25～30	4
計	20

(2) 度数分布表をもとに，ヒストグラムをかきましょう。

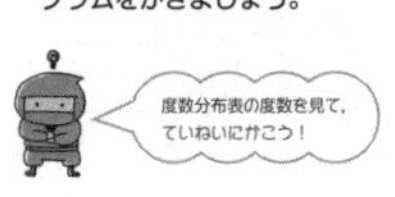

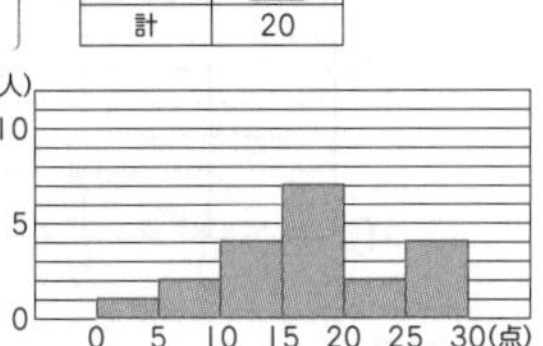

(3) 20点以上25点未満の階級の相対度数を求めましょう。

20点以上25点未満の階級の度数は，2人

だから，相対度数は，2 ÷ 20 = 0.1

ステージ 52

相対度数と確率

ことがらの起こりやすさを知ろう！

1 1個のさいころをくり返し投げて，奇数(きすう)の目が出た回数を調べる実験を行いました。

投げた回数(回)	10	50	100	500	1000	2000
奇数の目が出た回数(回)	3	21	46	238	491	998
奇数の目が出た相対度数	0.30	0.42	0.46	ア	イ	ウ

(1) 表のア，イ，ウにあてはまる数を小数第2位までの数で求めましょう。

アは，$\frac{238}{500}$ = 0.476 ←表から読みとりましょう　小数第3位を四捨五入すると，0.48

イは，$\frac{491}{1000}$ = 0.491 ←表から読みとりましょう　小数第3位を四捨五入すると，0.49

ウは，$\frac{998}{2000}$ = 0.499 ←表から読みとりましょう　小数第3位を四捨五入すると，0.50

(2) 奇数の出る確率は，いくつと考えられますか。小数第2位までの数で求めましょう。

表から，さいころを投げる回数が多くなると，奇数の目が出る相対度数は，

0.50 に近づきます。したがって，このさいころの奇数の目が出る確率は，

└実験回数が多い相対度数から考えます

0.50 であると考えられます。

確認テスト　7章

1 (1)

階級(分)	度数(人)	相対度数
以上 未満 0～5	2	0.10
5～10	2	0.10
10～15	7	0.35
15～20	3	0.15
20～25	3	0.15
25～30	3	0.15
計	20	1.00

(2) 4人　(3) 0.70

(4) 11人　(5) 0.55

解説 (2) 0分以上5分未満の階級の度数と，5分以上10分未満の階級の度数の合計を求める。
2+2=4(人)

(3) 0分以上5分未満，5分以上10分未満，10分以上15分未満，15分以上20分未満のそれぞれの階級の相対度数の合計を求める。
0.10+0.10+0.35+0.15=0.70

(4) 15分未満の生徒は，0分以上5分未満，5分以上10分未満，10分以上15分未満の階級の生徒の人数(度数)の合計だから，
2+2+7=11(人)

(5) 10分以上15分未満の階級までの累積相対度数が，15分未満の生徒の全体に対する割合を表しているから，0.55である。

2 (1)

階級(点)	度数(人)
以上 未満 0～5	2
5～10	2
10～15	8
15～20	3
計	15

(2)

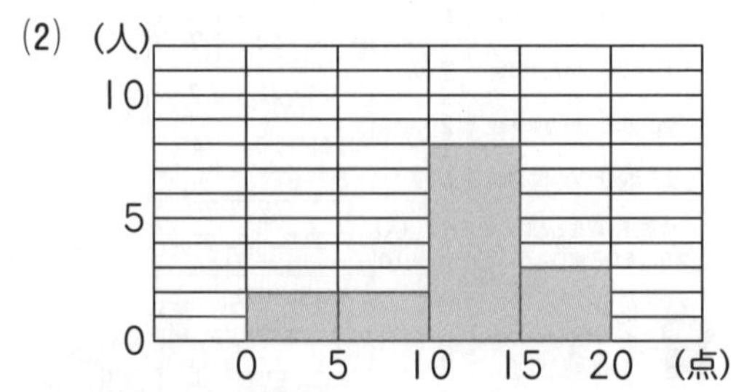

(3) 0.2

解説 (3) 15点以上20点未満の階級の度数は3人だから，相対度数は，3÷15=0.2

3 (1) ア　0.65　イ　0.64　(2) 0.64

解説 (1)　ア… $\frac{194}{300}$ =0.6466…より，0.65

イ… $\frac{255}{400}$ =0.6375より，0.64

(2)　投げた回数が多い相対度数を考える。

数魔小太郎からの挑戦状

答え 中央値

解説 (理由を書いてみよう！の例)
分布(ぶんぷ)にかたよりがある場合は，平均値や最頻値より点数が高くても，上位15位に入っているとは限らない。
だから，自分の得点が真ん中以上かどうかを知りたい場合は，中央値を調べなくてはいけない。